梦、睡眠与心理问题

陆华新　著

中国出版集团　现代出版社

图书在版编目（ＣＩＰ）数据

梦、睡眠与心理问题／陆华新著. －－北京：现代
出版社，2023.12
ISBN 978－7－5231－0663－1

Ⅰ.①梦… Ⅱ.①陆… Ⅲ.①梦－精神分析 Ⅳ.
①B845.1

中国国家版本馆 CIP 数据核字（2023）第 233174 号

| 著　　者 | 陆华新 |
| 责任编辑 | 袁　涛 |

出 版 人	乔先彪
出版发行	现代出版社
地　　址	北京市安定门外安华里 504 号
邮政编码	100011
电　　话	（010）64267325
传　　真	（010）64245264
网　　址	www.1980xd.com
印　　刷	北京荣泰印刷有限公司
开　　本	710mm×100mm　1/16
印　　张	16
字　　数	180 千字
版　　次	2024 年 1 月第 1 版　2024 年 1 月第 1 次印刷
书　　号	ISBN 978－7－5231－0663－1
定　　价	68.00 元

前　言

　　做梦是一种普遍的生理现象，和吃饭喝水一样。做梦也是一种个体心理现象，也和吃饭喝水一样。吃饭喝水方面，心情倍儿好时，胃口大开，吃嘛嘛香，喝嘛嘛甜。心情沮丧时，茶饭不思，胃口全无。做梦方面，日有所思夜有所梦，心情倍儿好时，梦境多愉悦。心情沮丧时，梦境或惊险，或恐怖。

　　做梦的频次，梦境的吉凶，一定程度上反映出梦者当时的心理状态和躯体状况，可以为梦者适时调整心理状态，及时关注躯体状况，提供一定的帮助。因此，需要关注梦。

　　笔者收集、整理、解析了500多个梦境后发现：梦的内容、梦境的素材，来源于梦者曾经所历所见所闻。梦中的人物、地点、动作，要么是梦者曾经亲身经历过、亲眼看见过、亲耳听到过的，要么是梦者从同事、同学、朋友等的讲述中，或从电影、电视、书本、网络等的传播中，间接经历过、间接听说过的。梦境，是梦者曾经所历所见所闻的拼凑。因此，无须过度在意梦境。

　　本书的创新点主要如下。

　　一是提出了唯物主义梦境解析方法。在对500多个梦境的解析中发现：人物、地点、动作，是构成梦境的元素；梦境没有年月日，像没有朝代，只有人物、地点、动作的古龙小说；梦中的人物、地点、动作，不是凭空出现的，而是来源于梦者曾经所历所见所闻；梦境是梦者曾经所历所见所闻的拼凑，这种拼凑与语句拼凑游戏如出一辙，大多数时候是一种乱拼，符合自然界"大道至简"的规律。

二是提出了睡眠状态下大脑中值守神经细胞的效率模型。正常睡眠时，大多数大脑神经细胞处于静息状态，只有少数大脑神经细胞处于轮流值守状态。轮流值守状态的大脑神经细胞履行四项职责：接收刺激，让人体苏醒；唤醒静息状态下的神经细胞和其他细胞；让睡眠者曾经所历所见所闻的一部分，拼凑起来，把睡眠者带入梦境；若有梦境，值守状态中司职记忆功能的神经细胞，有时能浅浅地记忆下梦境。睡眠状态下，10%左右的大脑神经细胞轮流值守时，可以让神经系统保持40%左右的效率。随着运转状态下神经细胞占比增加，神经细胞的边际效率在递减，整个大脑神经系统效率呈现缓慢上升趋势。

三是提出了精神分裂症患者是睁眼做梦者的新说。精神分裂症患者生活在他们自己的世界里，白天似醒似睡，晚上似睡似醒，原本张弛有度的大脑神经细胞得不到有效静息，变得缺乏弹性。于是白天睁眼做梦，梦见有人和他说话，和他吵架，有人诬陷他、攻击他，他便口中念念有词，他捡起石块，抄起棍棒攻击他人。

唯物主义方法对70个梦例进行了较为圆满的解析。这70个梦例，或怪异蹊跷，或荒诞不羁。对梦者曾经所历所见所闻一番梳理后，看似怪异看似荒唐的梦境，便容易理解了。

梦虽寻常，迄今人们对它的了解却远远不够。梦很重要，科学地解析它，可以释放因梦给大众带来的精神心理压力，有助于提升大众心理健康水平，为千万家庭添福祉，为和谐社会建设作贡献。这，便是本手稿的写作目的。

陆华新

2023 年 8 月 3 日

目 录
Contents

第一章 梦

步入文明社会后，人们开始关注梦，并试图解析梦。2000 多年前，中国的《黄帝内经·灵枢·淫邪发梦》中就有解梦以及如何减少多梦的记载。

一、正常人都会做梦

张三说："昨晚我做了个噩梦，梦里自己被狼狗一直追着，可恐怖呢。"

李四说："前些时我做了个发财梦，梦里自己从地上捡了一大摞钱，醒来后空欢喜一场。"

王五说："上个星期我做了个尿急的梦，到处找厕所，憋得受不了时，醒过来了。"

……

我们周围的亲朋好友、同事同学、街坊邻里，都有过在睡眠状态下做梦的经历。

睡眠状态下做梦，我们会有这样的表情：

或是很安静，像不曾做梦，像啥事都没有发生；

或是很开心，脸上有着天上掉馅饼的愉悦；

或是很紧张，全身肌肉绷得紧紧的，双拳紧握着，更有甚者，会挥拳，会踢腿；

或是喉咙鼻腔嗡嗡作响，像和人在辩论、在吵架；

或是嘴唇吧唧吧唧，像享受着人间美食；

……

地球上的人，虽有黄种人、黑种人、白种人的肤色之分，有亚洲人、非洲人、欧洲人、美洲人、大洋洲人等的地域之分，有信奉伊斯兰教、基督教、印度教等的宗教信仰之分，有汉语、阿拉伯语、英语、法语、德语等母语之分，但在睡眠状态下的做梦表情，有着惊人的一致。就像地球上的母鸡下蛋后都发出"咯哒咯哒"声音，山羊找妈妈时都发出"咩咩"叫唤声一样。

二、什么状态下容易做梦

在自然界，动物要觅食生存，也要时时提防天敌偷袭。睡眠时，如有风吹草动，如有天敌靠近，而动物无法清醒过来，被天敌猎杀的概率就很大了。

进入文明社会后，人类建造了房屋，不用风餐露宿，天敌偷袭的难度加大，人类安全保障系数提高了，人类在睡眠时的警觉程度下降了。但无论再怎么下降，还是有少数神经细胞在轮流值守，充当起哨兵角色，担负起非常时刻唤醒睡眠者的职责。

不同睡眠状态，与梦的关联是不一样的。

深睡眠与梦。深睡眠状态下，人体绝大多数大脑神经细胞进入了静息状态。轮流值守的大脑神经细胞要优先承担起响应外界刺激的职责，以及响应后唤醒静息神经细胞的职责，这是人体能够生存下来的需要。至于梦境的职责、记忆梦境的职责，重要性上要远远低于前者。

深睡眠状态下，因为轮流值守的大脑神经细胞数量极少，因此出现梦境的概率很低。

一般睡眠与梦。一般睡眠状态下，大多数大脑神经细胞进入了静息状态。轮流值守的大脑神经细胞虽是少数，但比深睡眠时数量要多，它们能够承担起响应外界刺激、唤醒静息神经细胞的职责，还有多余的能力承担起梦境以及记忆梦境的职责。因此，一般睡眠状态下，会偶尔出现梦境。

浅睡眠与梦。浅睡眠时，部分大脑神经细胞进入了静息状态，部分大脑神经细胞留下来轮流值守。轮流值守的大脑神经细胞数量较多，足够活跃，因此，浅睡眠状态下很容易出现梦境。

似醒似睡式睡眠与梦。似醒似睡式睡眠时，眼睛是闭着的，脑袋是半清醒的，活跃状态下的大脑神经细胞数量与静息状态下的大脑神经细胞数量差不多。这些活跃状态下的大脑神经细胞，要么闪回着白天的片段，要么将人带入多个短暂的梦境。

三、哪些人容易多梦

芸芸众生，有的难得做梦，一个月难得有那么一两个梦境。有的三天两头做梦，有的几乎每晚有梦，一晚上还不止一个梦。哪些人容易多梦呢？

无所事事者容易多梦。神经细胞是用来感知、思考、协调的，无所事事的人，吃饱了睡，睡醒了吃，体内神经细胞好不清闲。神经细胞太清闲，人就有精力去左思右想，就会做一个个看似稀奇古怪的梦。

国外有一个群体，他们出身豪门，父辈给他们攒下了可观的财富。他们衣食无忧、生活不愁，不用去打卡，无须去上班。吃了睡、睡了吃的结果是，他们梦见自己像大雁般翱翔天空，梦见自己像鱼儿般潜水海底，梦见自己像幽灵般探访人迹罕至的古村古寨。梦醒过后，他们开始将梦境付诸现实，有的玩起了翼装飞行，像大雁般在国内国外翱翔。有的玩起了潜水，背着氧气瓶，穿上脚蹼和防水衣，像鱼儿般在大江大河、在深潭中游来游去。有的动用越野车甚至直升机，前往交通不便的古村古寨，发现鲜为人知的自然景观、民风民俗。

性格内向者容易多梦。性格外向的人，有话就说，有想法就表达。性格内向的人，纵使有再多的想法，有再多的话，也喜欢藏着掖着，很少向人倾诉，也不怎么渴望有人倾听。梦境，成为性格内向者表达想法的一种途径。梦境中，性格内向者无拘无束、天马行空，想说的话，想表达的内容得以释放。

笔者对200位同事、同学做过一项调查：（1）200位中，性格外向者78位，平均每个月做梦2次；性格内向者21位，平均每个月做梦7次；性格介乎外向和内向之间的101位，平均每个月做梦4次。（2）内向者的梦，80%左右关乎工作中如何与同事交往，或生活中如何与身边人沟通。（3）21位性格内向者均认为，梦境中自己像换了一个人，变得愿意表达想法和思想了。

有位被调查的性格内向者说：现实生活中的自己很木讷，不善言辞，即使有喜欢的异性，也不敢去表白，不敢去恋爱；梦境中，自己居然很健谈，对心仪的异性，能大胆表达出自己的爱慕之意，恋爱中你一句我一句，自己一点不闷骚，一点不怯场。

处处一争高低者容易多梦。随遇而安的人，淡看风起云落，笑看世态炎凉。与人打交道时，他们明白"人无完人"，既欣赏他人的优点，也包容他人的缺点。在名誉和财富面前，他们明白"生不带来，死不带走""争去争来一场空""不以物喜，不以己悲"，保持一颗淡定的心。

而处处一争高低的人，没得到时想得到，得到了还想得到更多。没爬升时想爬升，爬升了还想爬升得更高。一旦没得到、没爬升，或得到了但没得到更多，爬升了但没爬升得更高，便心生怨气和怒气。这样的人，一年 365 天，几乎天天不快乐，天天有怒气。

处处一争高低的人，白天想着争斗，晚上睡觉时部分大脑神经细胞依然处于兴奋状态，沿袭着白天的紧张。大脑神经细胞持续兴奋和紧张的状态，便容易将人带入梦境中。

在行政管理部门工作的阿丹（化名），属于处处一争高低的一位女性。工作中，小到领导对下属的一句口头表扬，大到晋级晋职，阿丹都要和同事们一争高低。生活中，小到自己的穿衣戴帽，大到个人的五官身材、子女的就业岗位，阿丹也要和同事一争高低。阿丹说：我真佩服那些倒床就睡的人。我啊，晚上辗转反侧一个多小时才能入睡，入睡后很容易做梦，梦里出现的事都是争来争去的那些事，梦里出现的对话，也是和同事打嘴巴官司的那些话。

内心脆弱者容易多梦。旁人一句无意识的话，一个无意识的动作，可能让内心脆弱者琢磨好一阵子，"他说这话，是什么意思啊"

"他这么做，是不是针对我啊"。

旁人一句无意识的话，一个无意识的动作，会让内心脆弱者寝食难安好几天，"他为什么这么说啊？""他为什么这么对我啊？"

内心脆弱者中，有性格外向的，也有性格内向的。

性格外向的内心脆弱者，一哭二闹三上吊是他们惯有的表现。面对不是委屈的委屈，或是一丁点儿委屈，他们轻则梨花带雨，重则大吵大闹，或做出一副寻死觅活的样子。外向的性格让他们的情绪和压力部分得到释放，而脆弱的内心却依然影响到他们的睡眠质量。他们做梦的频次比一般人要高一些，只是，相比性格内向、内心脆弱双重叠加者，这种影响要小一些。

性格内向的内心脆弱者，面对不是委屈的委屈，或是一丁点儿委屈，要么一声不吭，要么不停流泪。他们中鲜有人大吵大闹，这看似不吵不闹的背后隐藏着危机，那就是，这类人患上抑郁症的可能性要大一些。面对委屈、遇到打击时，他们茶饭不思、睡眠不香，做梦的概率明显上升。在梦里，他们倾诉自己的委屈，宣泄自己的不满，一定程度上缓解了他们的精神压力。

睡觉时方法不当者容易多梦。一些不当的习惯和方法，会影响睡眠质量，引发多梦。

譬如，临睡前烟不离手。香烟中的尼古丁，有明显兴奋大脑的神经作用。临睡前过量抽烟，正处于兴奋状态的大脑神经细胞很难进入静息状态，结果是：入睡难，深睡眠难，睡眠中多梦。

临睡前过量抽烟，口腔、鼻腔等呼吸道中会残留重重的烟味，这重重的烟味不仅不利于自己睡眠，还会影响到同床者的睡眠。

临睡前过量抽烟，容易诱发咽喉炎、支气管炎，表现为咳嗽、咽喉难受等。咳嗽影响周围人睡眠，自己也难以深度睡眠，睡眠中容易多梦。

譬如，临睡前观看恐怖电影或浏览有恐怖情景的书籍。滞后效应、残留效应的结果是，人在诚惶诚恐中渐渐入睡。睡眠中，那血腥的场景、恐怖的描述，很可能成为噩梦的素材。

笔者的一位同事曾经是侦探迷，5 年前，他习惯于临睡前捧上一本类似于《福尔摩斯探案全集》之类的侦探书看看。这位侦探迷说，那时，几乎每个晚上都要做梦，梦中的场景全是恐怖的。后来不再看侦探书了，睡眠便好多了，也很少做梦了。

四、为什么有人在意梦

人生几十年中，做过的梦成百上千，真正能留下记忆的梦并不多。对这为数不多、还能记忆起来的梦，多数人一笑了之，也有一些人很在意。

1. 在意梦的原因

在意梦的原因，或是噩梦不断，或是梦境怪异，或是亡人托梦，或是梦中升职降职，或是梦中发财舍财，等等。

噩梦不断。有的人一晚上会有好几个噩梦，刚从一个噩梦中醒来，睡着不久，第二个噩梦来袭。好不容易从第二个噩梦中醒来，睡着不久，第三个噩梦又来袭。

譬如，张三第一个噩梦是遭遇车祸，自己和同伴都受了伤，叫天天不应，叫地地不灵，吓出一身冷汗，好不容易从噩梦中醒来。

他换上干爽衣服，睡着不久，第二个噩梦来袭了，梦见自己掉进江河里，拼命手划脚蹬，却怎么也靠不近岸边，再次吓出一身冷汗，好不容易又从噩梦中醒来。再次换上干爽衣服，睡着不久，第三个噩梦来袭了，梦见家里突然起火了，自己拿着水桶使劲灭火，那火却越烧越旺，又一次吓出一身冷汗，从噩梦中醒来。

也有的人一段日子里，噩梦连连，第一天晚上做了噩梦，第二天晚上接着做噩梦，第三天晚上又一次做噩梦。

譬如，李四第一天晚上梦见自己遭遇三名歹徒抢劫，自己不从，殊死搏斗，无奈寡不敌众，自己双腿被砍成重伤，血流一地，想爬起来逃命，却怎么也没有力气。第二天晚上，噩梦再次来袭，李四梦见自己送孩子上学，路上突然蹿出两只凶狠的大狼狗，直奔孩子而来，李四护住孩子，与狼狗搏斗，自己的头上、手上、腿上被狼狗咬出道道伤痕，孩子被吓得直哭。第三天晚上，噩梦又一次来袭，李四梦见自己上山采摘野生板栗，脚下踩空，掉了下去，途中自己幸好抓住一根树枝，不料咔嚓一声，树枝断了，自己继续往下坠。

面对不断的噩梦，有的梦者能从自身躯体状况、精神状况、睡觉姿势、睡眠环境等找原因，并不在意噩梦梦境是什么。有的梦者则陷入了害怕中，"是不是此前我做了什么不好的事情""是不是最近有什么不好的事情会发生在我的身上"。

梦境怪异。有的梦境稀奇古怪，现实中从未去过的地方，梦里去了。现实中从未做过的动作，梦里做了。现实中从未有过交集的人，梦里见着了。

譬如，省内都很少去转一转、去旅游一番的张三，梦境中去了新疆阿勒泰地区的喀纳斯，和其他游客一道，居然见着了传说中的喀纳斯水怪。

再譬如，连飞机都没乘坐过，更别提滑翔经历的李四，梦境中去了湖南张家界，在工作人员引导下，系上保护绳索后，挂在滑翔伞下，居然穿越了天门山的天门洞。

又譬如，连省内名演员都没机会见到的王五，梦境中在一次鸡尾酒会上，居然见到了美国已故知名演员玛丽莲·梦露，还和她交谈了好一阵子。

亡人托梦。梦境中，有人见着了曾经的亲人、同事、同学、朋友，和他们在一起有问有答。这些亲人、同事、同学、朋友，其实已经不在人世了。

譬如，张三梦境中，见到了已故的奶奶。奶奶一声声唤着张三的乳名，拉着张三的手，询问着张三工作怎么样，和同事关系好不好，饭吃不吃得饱。

譬如，李四梦境中，见到了已故的科长。李四将一份报告呈报给科长，科长快速浏览后，对李四的报告不满意，要求对报告作大的修改，李四灰溜溜离开了科长办公室。

譬如，王五梦境中，见到了已故的老同学。老同学和他夫人热情邀请王五去家里做客，将老人和孩子一一介绍给王五，请王五日后发达时给予关照。

譬如，刘六梦境中，见到了已故的老朋友。老朋友和刘六在一起商谈生意合作事情，怎么市场定位，怎么开发产品，怎么筹措资金，怎么质量管理，怎么人事安排。

梦中升职降职。有人梦境中，自己的公务员职级升迁了，或是自己的技术职称晋升了，或是自己的公司副总位置不保了，或是自已受处分、行政正科降为副科了。

譬如，张三梦境中，所在机关实行公务员职级并行，经过群众推荐、组织考察、集体讨论、上级批准，已经正处十几年的张三，此次从正处晋升为二级巡视员，享受副厅级待遇。

譬如，李四梦境中，中级任职年限满5年了，发表论文的杂志级别与数量达标了，英语和计算机水平测试通过了，继续教育学分合格了，提交申请晋升高级工程师材料后，评委会评审通过了。

譬如，王五梦境中，自己分管的销售工作年度业绩同比下滑，公司总经理很不满意。在公司董事会上，王五被免去了副总经理职位，一位年富力强、业绩突出的部门经理被擢升为副总经理。

譬如，刘六梦境中，春节前夕，4位下属当班时间躲进一空闲库房，打起麻将来，被安全检查小组成员逮了个正着。这4位下属受到行政处分，刘六因管理不力，受到降职处分，行政级别从正科降为副科。

梦中发财舍财。有人梦境中，生意上大赚了一笔，邀请朋友们喝酒嗨歌，不亦乐乎。有人梦境中，经营上出了问题，公司资不抵债，宣告破产，二三十年的心血付之东流。

譬如，张三梦境中，夏初囤积的上百吨大蒜，赶上大蒜大幅度涨价好时机，想不赚大钱都不成。高兴之余，张三找了间本地最豪华的酒店包房，将十几位好朋友请来，划拳喝酒，好不痛快。酒喝高了，相互搀扶着，去歌厅扯着嗓子嗨歌去了。

譬如，李四梦境中，经营了十几年的房地产公司，因为市场定位不准，开发出来的商品房因为地段不怎么好而房价又定得过高，结果几乎卖不动。房子卖不动，资金链就断了，资金链一断，公司无法正常运转，只能宣告破产。

2. 在意梦的是哪些人

在意梦的是两类人，一类是不了解梦的人，一类是不自信的人。

不了解梦的人。对一件事不了解，会出现两种情况，一种是无知无畏，另一种是无知就在意、就担心、就害怕。不了解梦又在意梦，属于后一种情况。

面对不断的噩梦，有人不知道为什么会这样：

为什么一晚上会有好几个噩梦，是不是最近遇事要格外小心？

为什么梦中自己和同伴遭遇车祸受伤了，是不是最近不要驾车出行？或是对私家车来一次全面检查？

为什么梦中自己掉进江河里了，是不是最近走路要远离水面？

为什么梦中家里突然起火了，是不是要检查一下家里的水电气线路？或是最近尽量避免生火做饭？

为什么梦中自己会遭遇歹徒抢劫，还被砍成了重伤，是不是最近要减少单独外出？或携带防身装备？

为什么梦中会遇到凶狠的大狼狗，还被大狼狗咬得遍体鳞伤，是不是最近要远离养宠物狗的人和他们身旁的宠物狗？

为什么梦中自己会去采摘野生板栗，还脚下踩空，是不是最近要减少外出干活的频次？或尽量不要去攀爬树枝之类？

……

面对怪异的梦境，有人不知道为什么会是这样：

为什么梦中自己去了喀纳斯湖，还看见了喀纳斯水怪，是不是最近要远离江河湖水，以免看见妖魔鬼怪之类？

为什么梦中自己去滑翔，还穿越了天门洞，是不是最近不要做往腰间系绳索之类的活儿？或是不要去看他人放风筝？

为什么梦中自己见到了玛丽莲·梦露，还和她交谈，是不是最近要尽量减少和异性的交往？

……

面对亡人托梦，有人不知道为什么会这样：

为什么梦中自己见到了已故奶奶，奶奶还拉着手问这问那，是不是预示着最近自己工作可能出现不顺？或是和同事会有争吵？或是脾胃会有什么毛病？

为什么梦中自己见到了已故的科长，科长对呈送的报告不满意，是不是预示着最近干活要倍加小心，细致再细致，以免被上司批评？

为什么梦中自己见到了已故的老同学，老同学还托付自己关照他一家老小，是不是最近该去看看已故老同学的老人和孩子了？

为什么梦中自己见到了已故的老朋友，老朋友还和自己一起有商有量谈生意的事，是不是预示着自己最近有点独断专行？应该多和朋友们商量着办事？

……

面对梦中升职降职，有人不知道为什么会这样：

为什么梦中自己从正处级晋升为二级巡视员了，是不是预示着最近自己职位会有升迁？或是自己对十几年的正处没有得到擢升而心存不满？或是反梦，预示着自己现有职位难保？

为什么梦中自己的高级工程师职称顺利晋升了，是不是预示着自己要快马加鞭，抓紧职称晋升准备？

为什么梦中自己的副总经理职务被免了，是不是最近有什么做得不好的？或是最近公司来了强有力的竞争对手？

为什么梦中自己受到牵连，从行政正科级降为副科级，是不是最近和手下某些同事走得太近，太哥们义气了？或是最近手下几位同事抱团使坏，成心让自己难堪？

……

面对梦中发财舍财，有人不知道为什么会这样：

为什么梦中自己靠大蒜涨价猛赚了一笔，还拉着朋友们去喝酒嗨歌庆祝一番，是不是预示着最近自己的生意会比较顺利？或是最近要多和朋友们走动，多掌握信息、了解行情？

为什么梦中自己公司的资金链断了，公司宣告破产，是不是预示着最近要格外关注现金流？关注市场走向？

……

不自信的人。自省自律的人，是自信的人，他们经常反省自己的不足，自觉远离不良嗜好和习惯，精力充沛，体力十足，像上足了发条的时钟，嘀嗒嘀嗒步步向前。而自傲自大的人，自卑自怜的人，多是不自信的人。

因为自傲自大，一旦遭遇不顺，整个人就像泄了气的皮球，立马瘪起来。因为自卑自怜，如果出现不顺，就更加自责，如祥林嫂般想办法攒钱捐土地庙门槛。

自傲自大的人在意梦。人上一百、形形色色，有的人做了十分活儿，只彰显三分功劳，属于低调、吃得起亏的人。有人做了五分活儿，就自报五分功劳，属于不吃亏也不夸大的人。有人只做了三分活儿，却对外不停吹嘘，让外人相信他有十分的功劳，属于自傲自大的人。

自傲自大的人，吹功堪称一流，自己究竟有几斤几两，他心里清楚得很。一旦出现有些怪异的梦境，自傲自大的人，就会高度敏感，"是不是我的吹功出问题了""是不是有人发现我并不强大了"。

　　譬如，50多岁的张三，梦境中自己给自己剃了个光头。一向自傲自大的张三就会觉得梦境很怪异，很可能陷入其中，难以自拔，"剃光头可不是什么好兆头哦""是不是有人发现我吹牛皮了，要把我的荣誉一撸到底"。

　　譬如，李四梦境中，自己成了10岁左右的儿童，煞有其事地与小伙伴们一起踢球。自傲自大的李四就会觉得梦境怪异，"梦境中让我重回10岁左右，现实中是不是要把我打回原形""梦境中我只有10岁左右，现实中是不是要我保持童真，少吹牛少表功"。纠结于梦，李四很可能想办法去找人解梦。

　　自卑自怜的人也在意梦。惯于自卑，他无法看到自己的长处和优点，而放大了自己的短板与不足。因为自怜，他觉得其他人都幸福，天下只有他的命最苦，最值得同情。一旦出现有些怪异的梦境，自卑自怜的人，可能越发觉得自己卑贱，觉得自己可怜兮兮。

　　譬如，王五梦境中，和同伴一起爬山时，突然脚下踩空，急速往下坠落。对这个怪梦，自卑自怜的王五很可能紧张，"我的命咋这么苦啊，爬个山，别人都不踩空、不坠落，咋唯独我踩空了呢？"

　　譬如，刘六梦境中，梦见自己被一条大蟒蛇盯上了，大蟒蛇快速移动过来，将自己缠住，越缠越紧，自己呼吸越发困难。对这个怪梦，自卑自怜的刘六很可能寝食难安，"连蟒蛇都不放过我，都要缠住我，我太可怜了。"

五、常有的梦

梦主要有：噩梦，担忧梦，尿急梦，遗精梦，桃花梦，官运财运梦，平平淡淡的梦，托梦等。

1. 噩梦

做噩梦的时候，要么躯体状态疲劳、痛苦，要么精神状态紧张、不堪，或者两者兼而有之。

最常有的噩梦是，莫名其妙被人或鬼神追杀，自己拼尽全力想逃跑，越想迅速逃跑，无奈双腿越不给力，就这样痛苦地延续着，直至自己从噩梦中惊醒。

2. 担忧梦

人生在世，值得提防、需要小心的琐碎事情太多太多：

一不小心，钥匙忘记带上，自己被反锁门外；

洗涤衣物，忘记将衣服口袋内的钱夹、身份证、重要票据等取出，一股脑儿泡在洗衣机内；

煨汤不留心，引发厨房小火小灾；

雨天湿滑，稍不留神，滑进了水沟水凼子；

市内交通、高速路上，交通事故免不了发生；

吃五谷杂粮，身边的人患上这病那病，需要住院治疗；

……

日有所历所见所闻，夜有所思所想所梦：

担心钥匙遗忘，于是梦见自己掉了钥匙，被反锁门外，想进门却怎么也进不去；

担心钱夹、重要票据没有从换洗衣服中转移出来，于是梦见钱夹、重要票据等被一股脑儿放进了洗衣机内，想把它们取出来却怎么也做不到；

担心家里失火，于是梦见煤气起火，蔓延开来，想灭火却怎么也灭不下去；

担心意外落水，于是梦见自己掉进了水沟、掉进了水凼子、掉进了水塘、掉进了江河，想爬出水面却怎么也做不到；

担心发生交通事故，于是梦见自己乘坐的车辆出现了意外，死的死、伤的伤，想尽快逃离现场却满是拥堵；

……

3. 尿急梦

有人在晚上七八个小时睡眠时间里，需要起床排尿一次。有人睡前喝多了水、灌多了饮料，才偶尔起床排尿。

晚上会尿急，白天也有尿急情况出现。不同的人、不同年龄阶段、不同情况下，白天排尿的频次也不一样。营养均衡、身体健康的人，白天一般三四个小时排尿一次，营养不良、肾虚体虚的人，白天一个小时左右排尿一次。

笔者的一位小学同学，从小学到初中，每节课 45 分钟是紧紧张张熬过来的，下课铃声一响，他便冲向厕所，要不然就会尿裤子。那时，这位同学家境贫寒，一年到头很难吃到肉、鱼，村里老中医说他是肾虚体虚。高中后，这位同学几乎每天都能见到薄薄的肉片，他的尿急症不治而愈。

同一个人，少年、青年、壮年阶段，排尿的间隔时间较长。60岁、70岁以后，排尿的间隔时间缩短，男性尤其如此。一些老年男性有着程度不等的前列腺炎，尿频尿急比较明显。

不同情况下，同一个人白天排尿的频次也不相同。大量饮食西瓜、葡萄、西红柿、橘子、冬瓜汤、海带汤之类后，排尿频次明显增加，这些食物有较明显的利尿功能。喝水不多而出汗较多时，排尿频次便明显减少。

因为有过尿急的经历，因此几乎每一个人都做过尿急的梦。尿急梦大体是：忙乎着、玩耍着，忽然来了尿意，于是火急火燎四处寻找厕所，越是着急寻找厕所，那尿意越发紧急，一边憋着一边找着，找啊找啊找厕所，快要憋不住尿的那一瞬间，自己被惊醒了。回到现实，赶忙披衣入厕。

4. 遗精梦

遗精是男性发育一个重要的阶段。以东亚人为例，绝大多数男性 14 岁前后开始遗精。从 14 岁前后到 70 岁前后，若一段时期没有性生活或手淫，就会出现遗精现象，这是健康成年男性体内不断生成精液，满则溢的正常表现。

遗精现象几乎发生在夜间，发生在梦里。遗精梦大体是：遇到了自己心仪的女性，这样的心仪女性或是初恋情人、暗恋对象，或是前女友前妻，或是同学同事朋友，或是大众人物，或是擦肩而过的异性；两人花前月下，有着说不完的话，牵不完的手；卿卿我我间，自己体内荷尔蒙迅速累积，身体某个部位开始硬胀，小股热流从体内流出。于是惊醒过来，发现是遗精了。

5. 桃花梦

现实中，只有少数人发生过一夜情。睡眠中，却有不少人出现过桃花梦。现实中，一些人温饱则思淫欲。睡眠时，若躯体状态良好，精神状态放松，一些人可能出现桃花梦。

"窈窕淑女，君子好逑"，男性这样，女性同样也会对心仪异性心存爱慕，只是女性的表达方式相对隐晦。

桃花梦大体是：与一位心仪异性不期而遇，这位异性或是同学同事朋友，或是电影电视新闻中的公众人物，或是擦肩而过的路人；两人如情侣般卿卿我我、甜甜蜜蜜，说着悄悄话、做着浪漫事；猛然间醒来，不过是"黄粱美梦一场空"。

6. 官运财运梦

历朝历代，总有一些清心寡欲、志存高远、为民请命的人，他们饱经风霜、不断学习、修身养性。

历朝历代，还有一部分人，他们的生活目标是，能够谋得一官半职并逐步爬升，或能够拥有钱财并多多益善。虽然只有少数人能达成升官发财的目标，依然不妨碍相当数量人对这样的目标心存念想。

官运财运梦大体是：梦见自己走了好运，职级上得到晋升，众目睽睽之下指挥手下；或是突然间有了大把的金银财宝钞票，可以豪气冲天地购买豪宅，购买奢侈品，到高档酒店潇洒。

7. 平平淡淡的梦

有些梦，既没有被追杀的场景，也没有行将掉入万丈深渊的恐怖，与噩梦沾不上边。没有担惊受怕的成分，没有与心仪异性卿卿我我的一刻，没有升官发财的幻境，没有尿意来了找厕所的着急，没有与亡人的梦里相见，更没有"满则溢"的泄出，因此，与担忧梦、桃花梦、官运财运梦、尿急梦、遗精梦等靠不上边。

这些梦像一杯温暾水，梦境平平淡淡，不过是一些鸡毛蒜皮的小事：什么去田野里挖猪菜啊，到邻居家树上摘几个桃子吃啊，在学堂里背诵课文啊，与小伙伴打玻璃珠游戏啊，跟兄弟姐妹拌个嘴、扯个皮啊之类的生活日常。

这些看似没盐没油、平平淡淡的梦，映射的是生活的常态。生活中哪有那么多的惊心动魄？那么多的卿卿我我？那么多的官运财运？更多的时候，生活不就是面对一些鸡毛蒜皮的小事？

8. 托梦

人有亲戚六眷，有要好同事，有过命交情的朋友。亲人、好同事、好朋友去世了，他们的音容笑貌，他们生前与自己在一起的点点滴滴，都留在脑海中，留在记忆里。

是人，就会有遗憾，有想完成而未能完成的心愿。自己对亲人、好同事、好朋友情况比较了解，诸如，亲人的孩子还未抚养大，好同事的爹娘经常生病，好朋友生前没穿过一件像样的衣服，等等。因为了解这些亡人的缺憾，知晓这些亡人的未竟心愿，在梦境中就可能出现他们的缺憾，出现他们的未竟心愿。

不过呢，多数时候梦里是张冠李戴，把张三的缺憾安放在李四身上，把李四的未竟心愿当成了王五的心愿，让梦者往往一头雾水。若第二天梦者还能记起这梦，很可能理解成亡人托梦给自己了，得想办法怎么表示一下，不负亡人之托才是。

托梦大体是：梦见亡人对梦者说，亡人肚子饿了。或梦见亡人扯了扯衣角，意思是亡人衣不够穿，或衣服太破旧。或梦见亡人指着自行车、汽车，示意梦者他想坐车或有辆车。或梦里旅游时，亡人要梦者带着他一起看风景，等等。

六、梦的积极作用

是人就有梦。梦对人的身心健康有着反映、协调的积极作用。

梦的反映作用。梦的频次、梦的吉凶，一定程度上能反映梦者的身心状况。

一个人身心愉悦时，吃嘛嘛香，喝嘛嘛甜，睡觉安逸。睡眠中有梦境的话，容易出现桃花梦、官运财运梦、遗精梦等。

一个人持续性出现不适，这种不适或是躯体状况堪忧，有这疼那痛的，或是心理状况不佳，心理压力较大，情绪比较紧张，他的睡眠质量就好不到哪里。时断时续的睡眠中，容易出现噩梦或担忧梦。

如果一个人近期频繁做梦，且梦境多为噩梦或担忧梦，则提示梦者近期可能压力较大、心理紧张，或躯体状况不乐观，梦者应适度关注自己的心理和躯体健康。

梦的协调作用。一定程度上，梦境是梦者情绪的宣泄。宣泄过后，有助于梦者的身心健康。

譬如，某男士长期处于单身状态，想有一个家，有一个琴瑟共鸣的伴侣。压抑状态下，睡眠中该男士很可能出现桃花梦或遗精梦。桃花梦，让梦者对异性的渴望梦里成真。遗精梦，让梦者的生理压力得到释放。

譬如，某人工作中籍籍无名，又不被家人重视。梦里的他（她），可能站在了某个场合的中心位，成为众人关注的焦点。在梦里，这个人渴望得到他人关注的心理得到了暂时的满足。

譬如，某人性格内向，工作场合、生活中一天也说不了几句话。梦里的他（她）居然和某位大众偶像有问有答、有说有笑，交谈了好长时间。在梦里，这个人有了表达想法的机会。

譬如，某人平日里心软手软，免不了遭到他人欺凌，被欺凌后又不敢还嘴还手。梦里的他（她），成了一位会武功的人，将欺凌他（她）的几位歹徒打趴在地。在梦里，梦者终于出了口恶气。

第二章　睡眠

哺乳动物、鸟类和鱼类，甚至连果蝇这种无脊椎动物，都存在睡眠现象。

睡眠时，动物表现为"三减一强"，即减少主动性身体运动，减弱对来自外界的刺激反应，减少和降低分解细胞结构行为，增强生产细胞结构行为。

一、睡眠的作用

人的一生中，睡眠约占总时间的三分之一，睡眠的好坏直接影响到人们的生活、学习和工作质量。

生理学实验表明，缺乏睡眠的人，免疫功能大幅度降低，衰老速度是正常人的数倍。

睡眠的作用主要体现在以下几个方面。

有助于延长细胞寿命。深度睡眠有助于检出细胞 DNA 的损伤并修复这种损伤，保持细胞的完整性，有利于细胞分裂增殖寿命。细胞寿命延长，人体衰老就延缓，机体就充满活力。

有助于神经细胞静息。过了婴幼儿阶段，人体神经细胞数量达到峰值，再生能力较弱，凋亡速度超过再生速度。成年人大脑中约有 140 亿~160 亿个细胞,其中神经细胞数量约 100 亿。

大脑中不同的神经细胞,分别司职人体视觉、听觉、嗅觉、触觉、运动、记忆、思维等不同功能。维持神经细胞数量,保持神经细胞功能,对大脑和人体十分重要。白天,人体承担诸多体力和脑力任务,大脑中这些神经细胞不停运转,辛苦非常。到了晚上,或中午时刻,人体进入睡眠状态时,只留下少量神经细胞轮流值守,多数神经细胞可以进入静息状态,当下一轮体力或脑力任务来临时,神经细胞可以斗志昂扬、功效显著。

有助于提高机体免疫。有效的睡眠,能让胸腺器官、白细胞、淋巴细胞维持正常水平,保持人体足够的免疫功能,阻止细菌、病毒的攻击,保护人体健康。

缺乏睡眠时,胸腺这个人体最重要的免疫器官急剧性萎缩,白细胞和淋巴细胞大量减少。缺乏免疫系统的有效保护,短期内人体会感到昏头昏脑、四肢乏力、萎靡不振,长期可能诱发组织器官癌变。

有助于多种激素分泌。深度睡眠时,人体会分泌还原性谷胱甘肽、超氧化物歧化酶等,它们是不可合成却是人体必需的激素,用来修复细胞的损伤,促进细胞的增殖与分化。

有助于体内毒素排出。以肝脏为例,肝脏是人体解毒器官,肝脏的毒素在晚间 11 点~凌晨 1 点睡眠状态下才能被排出。

二、睡眠与神经细胞静息

睡眠有被动睡眠和主动睡眠之分。

被动睡眠。婴幼儿几乎是被动睡眠。只要有体力有精力，他们就会折腾不休。折腾够了，没体力了，没精力了，他们便不分场所、时间，呼呼大睡。

白天不醒、晚上不睡，是一些婴幼儿的共性。为了调整这些婴幼儿作息时间，有经验的家长会主动引导婴幼儿白天多玩耍、多折腾。白天玩耍够了、折腾够了，晚上婴幼儿就会乖乖入睡。

被动睡眠前一刹那，眼皮几乎睁不开，脑袋几乎转不动，整个人体几乎要停止下来，倒地就能进入深睡眠。

主动睡眠。成年人多选择主动睡眠，睡眠时间以夜间为主，农耕时期人们"日出而作、日落而息"，就是关于主动睡眠的描述。除了夜间主动睡眠，东方人有午间打盹儿、主动睡眠的习惯。

只要作息有度，多数成年人主动睡眠中也包含了被动睡眠成分。因为白天体力、脑力消耗较大，到了夜间 10 点、11 点，虽是主动睡眠，离被动睡眠也相去不远。

主动睡眠时，从卧床休息到进入睡眠这个时段，大多数大脑神经细胞逐步从工作状态渐渐转为静息状态，只留下少数大脑神经细胞轮流值守。这种转变一旦完成，后面的时段与被动睡眠就没有什么差异了。

少数成年人睡眠质量较差，晚上 10 点、11 点了，主动上床卧倒，却辗转反侧，两三个小时难以入眠。往往到了凌晨两三点，脑力不支了，才渐渐有了被动睡眠的感觉。入睡后，多难有深度睡眠，很容易惊醒，睡不了四五个小时，就不愿意再卧床了。

神经细胞静息。不论是被动睡眠还是主动睡眠，人体一旦进入深睡眠状态，司职运动、感觉（嗅觉、味觉、听觉、触觉等）、记忆、思维等功能的大脑神经细胞，几乎处于静息状态。只有少数大脑神经细胞，处于轮流值守状态。

轮流值守状态的大脑神经细胞，履行四项职责。

一是当人体遇到外界足够的声音刺激、气味刺激、触觉刺激等，能接收这些刺激，让人体从睡眠中醒过来。

二是在醒过来的同时，唤醒那些处于静息状态的大脑神经细胞，让那些神经细胞从静息状态转为工作状态。

三是少数时候，值守状态的大脑神经细胞可以让睡眠者把曾经所历所见所闻的一部分，拼凑起来，将睡眠者带入梦境。

四是若有梦境，值守状态中司职记忆功能的大脑神经细胞，有时能浅浅地记忆下梦境。人体刚从梦境中醒来时，梦境在大脑中还留存有淡淡的记忆。这梦境若不及时记录下来，或告诉旁人，几个小时后，梦境很可能消失得无影无踪。多数人有过这样的经历：早上从梦境中醒来时，还能回忆起梦境；几个小时后的下午，却再也无法回忆起梦境来。

深睡眠时，人体不可能被轻轻的叫唤声叫醒，也不可能被轻微的外来触摸动作弄醒。此时此刻，需有较大的叫喊声，或是力度较大的拍击动作，才能让睡眠者醒过来。醒过来初始，当事人依然是睡意蒙眬，然后眼睛慢慢睁开，听觉慢慢恢复，手脚慢慢利索。

三、睡眠的四种状态

睡眠有四种状态：深睡眠，一般睡眠，浅睡眠，似醒似睡式睡眠。

深睡眠。多发生在疲劳后，或饮酒接近过量后，或极度体虚、接近死亡时。

疲劳的例子，譬如 1998 年决战长江防汛大堤的战士们，连续好几个小时奔跑式背运沙包石袋，听到"原地休息"命令后，一个个倒在大堤的草丛上，便进入了深睡眠状态。

饮酒接近过量的时候，被人搀扶到床上、沙发上、长条凳子上，饮酒者很快进入深睡眠状态。

极度体虚、接近死亡的例子，譬如战场上受伤后大出血的战士，随着血液汩汩外流，战士脸色很快苍白，体虚气弱，若不是身旁战友为他包扎，大声鼓励他不要睡过去，受伤的战士很快就进入深睡眠状态，抢救不及时的话，很可能死亡。

一般睡眠。多数人多数时候的睡眠状态。一般睡眠状态下，人的多数大脑神经细胞处于静息状态，只有少数大脑神经细胞轮流值守。遇到呼唤声，或轻轻拍打，睡眠者便醒了过来。

浅睡眠。多发生在周遭打击接近于一个人的心理承受能力，引起睡眠者担心、不安时，或是一个人前期睡眠过度后。

浅睡眠状态下，人的部分大脑神经细胞处于静息状态，留下来值守的大脑神经细胞比较多，稍有风吹草动，睡眠者便醒了过来。

似醒似睡式睡眠。多发生在周遭打击超过了一个人的心理承受能力，引起睡眠者忧虑、烦躁时，或是一个人前期睡眠严重过度后。

似醒似睡状态下，半数左右的大脑神经细胞处于静息状态，半数左右的大脑神经细胞处于疲劳的值守状态，无须响声或动静，睡眠者便自己醒来。

小结一下，深睡眠状态下睡眠质量最好，似醒似睡状态下睡眠质量最差，另外两种状态下睡眠质量介乎其中（见表1）。

表 1 四种睡眠状态与睡眠质量

四种睡眠状态	睡眠质量排序
深睡眠	1
一般睡眠	2
浅睡眠	3
似醒似睡式睡眠	4

四、哪些人容易睡得香

民间有句话：挑食是没饿着，睡不着是没累着。换个说法：饥饿的时候，绝大多数人不再挑食；累趴了的时候，绝大多数人倒下就能睡着。

好的睡眠，有助于延长细胞寿命，促使神经细胞静息，提高机体免疫，分泌多种激素，排出体内毒素，从而提高人们的躯体健康水平。好的睡眠，还可以像美食、旅游、成年人和谐的性生活等一样，成为人生的享受，娱悦人的精神，提高人们的心理健康水平。

哪些人容易睡得好、睡得香呢？

睡得好、睡得香的人，既有体力劳动者，也有脑力劳动者。笔者调查发现，白天忙碌者、温饱有度者、心情开朗者、与世少争者、内心强大者、方法得当者，容易睡得好、睡得香。

体力劳动者容易睡得香。体力劳动者，特别是一天8小时或更长时间的体力劳作后，体能近乎透支的劳动者，晚上简单洗漱后，有的甚至来不及洗漱，倒在床上或地上就能呼呼大睡，睡得深沉也睡得挺香。

持续性体力劳动后，司职运动、感觉、协调等功能的神经细胞和肌肉细胞等，已经疲惫不堪，急需停止下来，盼望休整静息的机会。机会一来，这些神经细胞和肌肉细胞等，很快就进入静息状态。

譬如，建筑工地上的民工，无论是负责基坑挖掘的、边坡支护的、钢筋捆扎的、商品砼灌注和搅拌的、模板架设的，还是负责砌墙隔断的、墙面粉刷的、外墙外保温的、强电弱电安装的、上水管下水管铺设的，他们头戴安全帽，脚着劳保鞋，身上长衣长裤捂得严严实实，一天8小时劳作下来，筋疲力尽。晚上回到活动板房内，床铺虽然简简单单，空间虽然狭小拥挤，但他们一个个睡得香甜无比。一晚上的睡眠、休整后，第二天早上，他们又精神抖擞地出现在各自岗位上。

譬如，集体农业时期的生产队员们，在抢收早稻、抢插晚稻的每年8月初，白天忙收割，晚上就着月光或柴油灯的照明，奋战在打谷场上。有的负责解开稻捆，往脱粒机里一把一把推送；有的负责将脱粒下来的谷粒用木耙耙出，送到旁边的晒场上摊开；有的负责将脱粒机风口喷出的已没有谷粒的稻草，用长柄竹叉接住了，一叉一叉堆放成大草堆。忙到深夜一两点。农活结束了，不少生产队员连迈腿回家的劲儿都没了，和衣倒在草堆旁，就呼呼睡着了。

持续忙碌者容易睡得香。忙忙碌碌、紧紧张张工作的人，苦心志、劳筋骨、饿体肤、空乏其身，体力和脑力消耗都很大，结果是手累、脚累、嘴累、眼睛累、脑袋累，浑身都累。回到家中，连做饭的力气都没有，吃饭的劲头也没有，倒在床上就能呼呼睡着。

持续性体力劳动兼脑力劳动后，司职运动、感觉、协调、记忆、思维等功能的神经细胞、肌肉细胞、骨骼细胞等，已经疲惫不堪。一有休息机会，这些神经细胞、肌肉细胞、骨骼细胞等，很快就进入静息状态，为下一轮忙碌做好准备。

譬如，笔者的一位朋友，在一家两千多人的单位从事后勤保障工作。人少活儿多，哪里电路出故障了，哪里水管破裂了，哪里门窗损坏了，哪里墙面脱皮了，这位朋友就出现在哪里，维修在哪里。白天忙得停不下来，晚上也得备勤，一有抢修电话就骑上自行车，赶往单位维修地点。这位朋友说：记得春节前的一个晚上，大约是凌晨两点，单位主水管爆裂了。接到电话后，二话不说立马骑车赶往单位。破路挖土，更换水管，持续了两个多小时。忙完后，这位朋友一点力气都没有，倒在路边就睡着了。

温饱有度者容易睡得香。暴饮暴食者，临睡前肠胃鼓鼓胀胀的，不可能睡得香。科学饮食提倡"早上吃好、中午吃饱、晚上吃少"，其中"晚上吃少"为的是晚上能有一个好的睡眠。对于中老年人，肠胃功能渐渐退化，消化能力慢慢变弱，临睡前更不能暴饮暴食。

空腹状态，饥肠辘辘，不可能睡得香。盖得太厚、穿得太多，或是盖得太薄、穿得太少，也不可能睡得香。

不饱胀不饥饿、不热又不冷，这样的温饱状态下，人容易睡得香。

心情开朗者容易睡得香。心情开朗者，以阳光的心态看待世界、看待周围的人和事。

心情开朗者眼中，周围的一花一草、一猫一狗，都是有灵性的植物动物，值得去欣赏去呵护。

心情开朗者眼中，周围的人有着一颗善良的心，值得去交往，值得伸出援手。

心情开朗者眼中，祸兮福所倚、福兮祸所伏，塞翁失马、焉知非福，事情有因有果，犯不着为芝麻小事自己跟自己怄气。

心情开朗者眼中，人是自然界的一部分，应该顺应自然、顺应规律，张弛有度，饿了就进食，困了就休息。

心情开朗者眼中，能够来到这个世界上的每一个人都是幸运的，没有疾病困扰、能够安心工作和静心创造的时间是有限的，值得倍加珍惜和利用。

因此，心情开朗者能做到该忙时专心致志去工作去学习，最大限度发挥自己的潜能，该休息时又珍惜和享受着能够安安静静的睡眠时光。与此对应的，心情开朗者体内的神经细胞、骨骼细胞、肌肉细胞等细胞，该高效运转、发挥功效时一点不含糊，到了该静息该休整时，这些细胞又能得到充分的静息与放松。

譬如，笔者认识一位80岁的乡村婆婆路姑，中青年时路姑是村里的接生婆，经她接生的有百人之多，无一例失败，县医院产科大夫都说"真了不起"。路姑接生，分文不取。新生儿满月时，村民送来两个茶叶蛋，路姑笑纳"这个我吃"。新生儿出生，不分春夏秋冬，不分白天黑夜，路姑接生也就迎着酷暑寒冬，顶着星星月亮。只要村民一召唤，路姑要么丢下地里的活儿，要么放下刚端起的饭碗，要么点亮刚吹灭的油灯，从沉睡中掀被穿衣。

路姑整天乐呵呵的，从不知道什么是吃亏，什么是艰苦。心里有的是对生命的敬重，对生活的热爱。家里偶尔做上一笼包子，路姑会送东家两个送西家两个。邻居家小孩一时半会儿没人照管，路姑将小孩笑迎过来。乡里乡亲紧急用钱，路姑翻箱倒柜、倾其所有。

70岁时，路姑依然肩挑粪桶，到5公里外的中学厕所担粪肥地。80岁时，路姑心疼外出打工的小儿子，放弃田地活儿，来到县城照管孙子孙女。热心肠的路姑，很快与新环境里的婆婆妈妈们相处融洽。

和婆婆们交谈时，路姑乐呵呵说道：我吃得饱、睡得香，人生七十古来稀，我已经活到80岁，知足了。看到孙子孙女们一天天学知识，我很开心。

与世少争者容易睡得香。欲望太多，心里盛放的事情太多，临睡前脑袋就会想这想那的，以至于夜不能寐，睡得香便无从谈起。

内心清净、欲望极少，容易进入"心底无私天地宽"的境界，进入"享受当下、不惧明天"的境界，迎来一个个好的睡眠、香甜的睡眠。

一个有趣的现象：婴儿降临在这个世界时，无一例外是紧握拳头的；老人离开这个世界时，无一例外是松开双手的。与世少争者明白一个道理：所谓的钱权色都是过眼云烟，生不带来、死不带走。

先说钱财。钱财有两个属性，一是流动性，二是不封顶。所谓流动性，是指钱财无脚走天下，钱财不可能总滞留在某富豪家中，"富不过三代"说的就是这个意思。不封顶，是指没有最富只有更富，以前万元户是富翁，后来有了百万富翁、千万富翁，将来还会有亿万富翁。

再说权力。权力也有两个属性，一是短暂性，二是渺小性。短暂性，是指一个人位高权重，不过几年、十几年、几十年光阴，"江山代有才人出，各领风骚数百年"。渺小性，是指相对于数千年人类文明史，相对于宇宙中亿万颗星球，所谓的一点权力，时间上空间上实在是微不足道。

接着说美色。天外有天、人外有人，某村里的俊俏姑娘，放在所在乡镇评价，很可能就算不上美女。当下的"小鲜肉"，10年、20年后，便成了"风干肉"。

少争不等于不争。与世少争者看得开、看得淡，钱多可以潇潇洒洒，钱少也可以快乐生活。位高权重可以风风光光，平民百姓也有自己的点点欢乐。美女帅哥让人心旷神怡，情趣相投的伴侣更能让生活温馨持久。与世少争者，不争的是钱权色这类物质享受、感官享受，争的是内心的宁静、良心的安定。他们多是微公益行动的积极参与者，无偿献血、扶贫救助、帮扶老人，等等，他们是主力军。

与世少争者，属于流自己的汗、吃自己的饭，力所能及帮扶弱者的一类人。他们安安心心工作、简简单单生活，吃饭饭香、喝水水甜、睡觉觉香，为此，他们也多健康长寿。

心胸宽广者容易睡得香。"人生不如意十有八九"，人生几十年、一年365天、一天24小时，顺风顺水的时候不过十之一二。心胸宽广的人，"胜不骄败不馁""得势不猖狂、失势不沮丧"，该睡的时候倒床就睡，该吃的时候端碗便吃。

心胸宽广的人，对自然界充满着敬畏与感恩，觉得来到世间的每一个人都是不容易的，觉得生活中的每一次际遇都是缘分。在心胸宽广的人看来，生命值得尊重，粮食值得敬畏，每一次的睡眠都值得好好享受。

内心强大者容易睡得香。内心强大者见多识广，举重若轻。"天塌不下来""刀砍下去也就碗大个疤""办法总比困难多"，是他们的口头禅。因为经历过很难的事情，所以一般的难事在他们眼中就不算难事。因为相处过特别难缠的人，所以一般难缠的人在他们眼中就都是好相处的人。因为吃过特别的苦，所以一般的苦在他们眼中就不算苦。

内心强大者积极向上，乐观进取。再难的事情，总能想出解决的办法。再难熬的日子，总能想出诗情画意般的活法。再焦头烂额的时候，总能该吃的吃、该睡的睡，吃饱了、睡好了，然后闯过焦头烂额的时光。

笔者结识过一位基层单位中层管理者，他那强大的内心，山崩地裂前仍能安稳入睡的定力，令笔者叹服，下面说道一下他的两个事例。

事例一：他女儿高三那年，调考成绩出现了一些波动，女儿妈妈寝食难安。这位先生对妻子说：我相信女儿，高考时她的成绩差不到哪里的。不管上什么大学，学什么专业，我相信女儿总能够挣口饭吃。倒是你，你得放松自己，不要女儿没啥事情，你倒急出点事来。我得睡觉去了，明天还得上班呢。说完没几分钟，女儿妈妈就听到了他的阵阵鼾声。

事例二：他和单位几位同事一起到西南地区出差，正赶上那里的雨季。前方道路出现坍塌，搭乘的长途汽车被迫滞留在前不着村、后不着店的地方。不少乘客担心会有新的坍塌，甚至泥石流出现，以至于十几个小时不吃不喝不睡。这位先生对同行的同事说：现在着急也是干着急，倒不如该吃的吃、该喝的喝、该睡的睡，吃喝到位了，身体休息好了，有啥情况都有足够的体力和精力去应对。说完，他便在汽车座位上闭目养神起来，没一会儿，鼾声就起来了。

方法得当者容易睡得香。好的睡眠，是有讲究的。方法得当的话，容易入睡，下面两个方法有助于睡得好睡得香。

方法一，选择一张合适的床。人的一生中，约三分之一时间是在床上度过的，条件允许的情况下，不妨选择一张宽度、长度、平整度、软硬度合适的床。理论上讲，床越宽，人睡得越舒展。现实中，学生宿舍是 90~110 厘米宽的床，单位单身公寓是 120~150 厘米宽的床，成年夫妇是 120~180 厘米宽的床，随着居住环境的改善，人们的睡床也渐渐变宽。床的长度，随着人们平均身高的增长，也从 180 厘米延伸到 190 厘米、200 厘米，少数高个子，需要更长一些的睡床。凸凹不平的床，肯定睡得不舒服。太硬的床，睡得骨头难受，太软的床，躺下去没了人样，也不舒服。

方法二，选择一个恰当的睡姿。没有躯体疾病的成年人，宜选择向右侧卧睡姿，可以减轻心脏的压力，"睡如弓"指的就是这个睡姿。仰面平躺，也是可以选择的。尽可能不要选择的睡姿，是四肢趴着的睡姿，这种睡姿增加了心脏的压力，还容易造成呼吸不畅。有骨折或其他躯体疾病的患者，在医生指导下选择适合自己的睡姿。

五、睡得好睡得香的小技巧

即使有合适的床，有恰当的睡姿，仍有部分人在床上翻来覆去、难以入睡。这种情况下，因人而异选择适合自己的睡前小技巧，有助于自己睡得更好。

小技巧一，睡前浏览休闲书籍。床头准备一本感兴趣的休闲书籍，或是有关历史的，或是世界地理的，或是人物传记的，或是修身养性的，总之是通俗易懂、无须费神费力去琢磨的。半躺在床上，手捧一本这样的书籍，看着看着，短则 5 ~ 10 分钟，长则 15 ~ 30 分钟，视物渐渐模糊，眼皮渐渐要合上。放下书籍，关掉房灯，身体平躺或向右侧卧，便进入睡眠状态了。

小技巧二，睡前看看纪实节目。《航拍中国》《美味中国》《舌尖上的乡村》《我爱发明》等电视纪实节目，让人不出家门就能领略到祖国的大好河山，欣赏到东西南北的各色美味。半躺在床上，搜寻到电视纪实频道，或其他频道的纪实节目，将声音调至自己刚刚能听到的程度，关掉房灯，自己跟随纪实节目一同去旅行，或去品味不一样的美味。旅行着或品味着，15 ~ 30 分钟后，眼皮渐渐耷拉下来。关掉电视机，身体平躺或向右侧卧，很快就进入睡眠状态了。

小技巧三，睡前回顾愉悦往事。身边没有休闲书籍，没有电视机，甚至连手机上网都无法做到时，不妨身体平躺或向右侧卧，闭上眼睛，回顾那些愉悦往事。

譬如，愉悦的口福。以前总是眼巴巴看着邻居宰杀年猪、大口吃肉，那一年腊月，张三家终于可以宰杀年猪啦。请来杀猪师傅，将一头毛重200多斤的年猪宰杀了，分割成一条条猪肉。剩下的内脏，切成大块，悉数放入大锅中。一个小时熬炖后，张三一家老小近20人，每人端着一个口径比成年人巴掌还大的碗，大口吃肉，惬意喝汤。新鲜的猪杂汤真鲜甜啊，连味精都不用放的。那饱饱的一顿猪杂大餐，怎么也不会从张三的记忆里抹去。

譬如，愉悦的书包。"小呀么小二郎啊，背着那书包上学堂"，对家境不怎么富裕的学童来说，一个崭新的书包足以让学童铭记一辈子。小学一年级开始，学童李四肩上挎着的，是妈妈找来两片旧布缝合起来，系上一条布带的自制书包。初一那年，李四的爸爸被评为先进生产者，奖品是一个黑色人造革挎包。接过爸爸的奖品，李四将书本、文具整整齐齐放进去后，拉上拉链，斜挎在肩上，别提有多高兴了。

譬如，愉悦的旅行。中青年时期，老伍经济上要供养3个孩子上学，时间上要坚守工作岗位，尽心尽责上班，工作30多年没有外出旅行过。老伍有个心愿，争取去一趟首都北京，看一看天安门广场和故宫。老伍退休那年，3个孩子一合计，出钱出力，带着老伍坐火车进京了。原来只在《新闻联播》里看到的天安门广场，现在终得一见，以前明清皇帝的宫殿，现在身临其中，老伍兴奋了好些天。

譬如，愉悦的观赏。刘先生喜欢杂技，对顶技、蹬技、车技、晃板、柔术、高椅等为代表的杂技赞不绝口。2006年的一天，刘先生出差石家庄，住地附近正在举办吴桥国际杂技节。刘先生毫不犹豫买了一张演出票，两个小时的杂技演出，让刘先生大饱眼福。

譬如，愉悦的闲聊。杜先生从警 34 年，现在是某派出所所长。1983 年那年，杜先生在县一中高二学习，每天晚自习时间，班上会安排两名住宿学生在 40 多人的集体宿舍轮流值班。那天晚上，轮到了杜先生和另外一名同学，那名同学和杜先生既是高中同班同学，也是初中同班同学，而且两人都喜欢唱歌。两人从小学时期的歌说起，说到初中一起唱的歌。说完一首首歌曲，两人又哼唱起一首首歌曲，不知不觉四五个小时就过去了，其他同学也从教室回宿舍准备休息了。那一次开心的闲聊、愉悦的哼唱，一直留在杜先生记忆里。

回顾类似愉悦往事，15～30 分钟后，人体就在放松中进入了睡眠状态。

小技巧四，睡前松弛大肠膀胱。大肠用来承接大便，膀胱用来收集和储存尿液。晚饭后到临睡前，有三四个小时时间，经过这段时间，大肠内已有了些许大便，膀胱内已有了些许尿液。睡觉前，花上几分钟时间，去一趟厕所，顺利的话，能排出些许大便和小便。即使不太顺利，至少也能排出肠胃内些许气体，让大肠得以松弛。

大肠和膀胱得以松弛后，整个人体便是轻松感觉，有助于人体顺利入眠。

小技巧五，睡前处理点滴不适。上床准备睡觉时，如果发现了点滴不适，宜起床处理，得到的回报是整晚舒适的睡眠。反之，如果懒得起床，想得过且过的话，晚上的睡眠很可能是断断续续。

譬如，手指倒刺。几乎每个人都有过手指长倒刺的经历，只是程度不同而已。倒刺长一点，只是影响美观，不会影响到睡眠。那种刚刚贴着皮肤、一点点长度的倒刺，是睡眠的"杀手"。睡眠中，附着这种倒刺的手指，一不小心碰着了枕头，或盖被或床单，让人很不舒服，很难踏踏实实睡个安稳觉。

开灯起床，找来指甲剪，从根部将这短短的倒刺剪掉，然后上床关灯，得到的回报是整晚舒适的睡眠。

譬如，床单上的细小颗粒。极度疲劳后，睡眠中是感知不到床单上的细小颗粒的。睡眠本身就不太好的时候，人体皮肤对床单上的细小颗粒会很敏感，只要躯体接触到这细小颗粒，就会有异物感、不舒适感，影响到入睡和睡眠质量。

开灯起床，用手掌或床刷，将这细小颗粒清理掉，再上床关灯，可以帮助入睡，入睡后可以睡得连续，睡得香甜。

譬如，骨头酸痛。曾经运动中崴过脚，或伤过膝盖，或尺骨桡骨胫骨腓骨某处有过骨折，或髋关节做过置换，每逢阴雨、潮湿、低温等天气，曾经受过伤的脚踝骨、膝盖、尺骨、桡骨、胫骨、腓骨、髋关节就会酸痛，影响入睡和睡眠中的质量。

上床睡觉前，对曾经受过伤的骨头适当保暖。例如，穿上松口的睡眠袜，可以给脚踝骨保暖，戴上护膝护腕，可以给受过伤的膝盖、胫骨、腓骨、尺骨、桡骨保暖，穿上加厚的短裤，可以给受过伤的髋关节保暖。

经过保暖处理后，受过伤的骨头的酸痛感会明显减轻，有助于提高睡眠质量。

譬如，室外噪声和照明。主干道附近的房子，机场、火车站附近的房子，建筑工地附近的房子，居住在里面的人夜晚会受到噪声和光亮的影响。对噪声和光亮特别敏感的人，入睡难度会增大，睡眠质量会下降。

如果暂时没有条件搬离这样的居住环境，睡觉前，将噪声、光亮方向的门窗全部关闭，拉上遮光窗帘、门帘，噪声、光亮可以明显降低，有助于居住者入睡。

譬如，被子的厚薄。春夏秋冬四季变化时，刮风下雨飘雪结冰时，睡觉前要及时更换厚薄适宜的被子。被子过薄，浑身冷得发哆嗦，肯定难以入睡，即使睡着了也会很快被冻醒。被子太厚，胸口似有一团火，浑身上下不舒服，也难以入睡，即使睡着了也会热出一身汗而醒过来。

盖上厚薄适宜的被子，既不冷也不热，入睡会较快，睡着后会比较舒服、比较深沉。

第三章　睡眠障碍

　　人的一生中，有三分之一左右时间是在睡眠中度过的。睡眠，是人体对疲劳的躯体、紧张的心理的适时休整，是一项生理需求。

　　有实验发现，持续性被剥夺睡眠的动物数周后将会死亡。人类被剥夺睡眠 60~200 小时后，将导致疲劳、易激惹、精力难以集中，运动功能变弱，自我照顾能力和判断能力下降。睡眠被继续剥夺后，会出现定向力障碍、幻觉、妄想以及意识障碍。

　　世界卫生组织一项调查发现，约 27% 的人存在睡眠问题。为此，国际精神卫生组织将每年 3 月 21 日定为"世界睡眠日"。

一、睡眠障碍的定义

　　不及或过之，对生理活动都不是什么好事。睡眠严重不足，会影响正常的学习、工作和生活。长时间嗜睡，睡眠严重过量，也不是什么好事，是睡眠障碍的另一种表现。

　　狭义的睡眠障碍，是指睡眠——觉醒过程中表现出来的功能障碍，临床上，睡眠质量下降是常见的主诉。

　　广义的睡眠障碍，包括各种原因导致的失眠、嗜睡、睡眠呼吸障碍，以及诸如睡眠行走、睡眠惊恐、不宁腿综合征在内的睡眠行为异常。

医学上对睡眠的探讨与研究，始于寻找"睡眠中枢"，即视交叉上核。目前研究认为，和睡眠有关的解剖部位相当广泛，除了视交叉上核，至少还包括额叶底部、延髓网状结构抑制区、上行网状系统、中脑盖部巨细胞区、缝际核等。

与睡眠障碍相关的人体系统，有神经系统、呼吸系统等，目前临床上，除了精神科、心理科，还有呼吸内科等也开设了睡眠治疗病区。

收治的对象中，精神科、心理科收治的，主要是基于精神心理因素引起的睡眠障碍患者。而呼吸内科收治的，主要是呼吸暂停综合征引起的睡眠障碍患者。

二、睡眠障碍的分类

国际上关于睡眠障碍的分类，目前尚不规范。

一种分类方法，是将睡眠障碍分为内源性和外源性两类。①内源性睡眠障碍：包括失眠、睡眠呼吸暂停综合征、周期性腿动、不宁腿综合征等。②外源性睡眠障碍：包括跨时区睡眠节律紊乱、工作变动综合征等。

另一种分类方法，是美国睡眠障碍中心协会出版的《睡眠和觉醒障碍的诊断分类》，将与睡眠相关问题分为四类。

（1）失眠症。这是最常见的睡眠障碍，表现为入眠困难或早醒，常伴有睡眠不深与多梦。失眠症有5种情形。

情形一，精神因素所致的失眠。精神紧张、焦虑、恐惧、兴奋等可引起短暂失眠，精神因素解除后，失眠即可改善。

譬如，神经衰弱患者常常诉说入眠困难，睡眠不深、多梦，但脑电图记录上显示睡眠时间并未减少，只是觉醒时间和次数有所增加，这类患者常常有头痛、头晕、乏力、易激动、健忘等症状。

笔者的高中同学杜先生，大学毕业后进入一家设计院，两年后出现了神经衰弱。杜先生睡眠不好，胃口也不好，体形消瘦，身体乏力。神经衰弱的人晚上休息时，稍有风吹草动就会醒来，杜先生的住地临近车流不息的大马路，那样的居住环境让杜先生痛苦不堪。杜先生喜欢做的，就是周末和节假日到人烟稀少的郊区，爬爬小山，看看绿叶，心情便好了许多。

譬如，抑郁症的失眠多表现为早醒或睡眠不深，脑电图记录上显示觉醒时间明显延长。

笔者接触过一些抑郁症患者，对其中的陈先生和段女士印象比较深。50岁的陈先生就职于某医学院，是一名实验室高级技术人员，妻子是同一所学校行政部门中层干部，两口子属于工作稳定、收入较高、家庭条件优渥的一类。他的孩子读书自觉，很少让大人操心，成绩一直很好，高考后被国内知名高校录取。在常人看来，陈先生应该无忧无虑、开开心心才是。但陈先生真真切切患上了抑郁症，严重的失眠让他数次出现自杀苗头。陈先生被家人送往专科医院治疗，三个月后，睡眠情况得到改善，抑郁症状也基本消失。

36岁的段女士曾经是一家大型航空公司的空乘领班，先生是同一家航空公司的飞行机长。她形象和气质俱佳，先生一表人才、资深帅哥。段女士和先生有着令人羡慕的职业，有着颇高的薪水，有着人见人爱的一双儿女。被失眠困扰的段女士，在先生陪伴下前往专科医院就诊，被诊断为产后抑郁症。经过专业治疗，段女士的症状和困扰基本消失，又重返蓝天，从事她热爱的空乘服务工作。

譬如，狂躁症的失眠表现为入眠困难甚至整夜不睡，而精神分裂症的失眠因受妄想影响，表现为入睡困难、睡眠不深。

笔者接触过一些或精神紧张，或焦虑，或恐惧，或兴奋而引起短暂失眠的人。这些人的精神因素解除后，失眠很快得到了改善。

孙先生是一名连续七年参加高考，终于被大学录取的资深考生。前六年，高考来临前一个月左右时间，孙先生就高度紧张，吃不好、睡不着，书本上的字一个个变得陌生。这样的状态下，孙先生的高考成绩自然不理想，没法被大学录取。第七年高考前两个月，孙先生向班主任请教克服紧张心理的办法。班主任老师对他说：你将高考看作一次平常的考试，去享受做题的快乐。在班主任老师的疏导下，第七年高考前孙先生没有陷入失眠的痛苦，高考时考出了自己的理想成绩。

余女士从记事起，只知道有妈妈，却从未见过爸爸，从小学到高中，一直是外婆和妈妈管她生活、送她念书。大学毕业后，余女士就职于一家检测机构，三十岁的她已经成长为单位中层管理者，三岁大的女儿活泼可爱、聪明伶俐，女儿爸爸是另一家技术机构的骨干。在同事们看来，余女士算得上事业有成、家庭幸福了。不为人知的是，余女士内心充满了焦虑，总担心年幼的女儿会重复余女士自己童年的路，会有着单亲家庭孩子的心酸和痛苦。为此，余女士严重失眠，人也消瘦了一圈。细心的同事发现余女士的异常，了解到余女士的焦虑后，建议余女士到专科医院看看心理治疗师。后来，在心理治疗师的帮助下，余女士渐渐从焦虑中走出来，睡眠变好了，整个人的精神状态也好了。

小杨是一名高二学生，寒假结束前看过一篇科幻文章。文章描述了人类相互投掷核弹后，遭受核爆炸、光辐射、冲击波的人们，或瞬间惨死，或一两周后死去。那些日子，小杨倍感恐惧，很难入睡。好不容易入睡，又梦见那血腥场景，很快被吓醒。新学期开学后，小杨的妈妈发现了小杨的异样，及时与班主任沟通，班主任带着小杨到学校的心理咨询师那里。经过心理咨询师的疏导和抚慰，小杨的恐惧感渐渐消失，晚上睡眠不再被惊醒。

周同学复读一年高三后，考取了某985高校新闻专业。接到大学录取通知书的周同学，一连兴奋了十几天。白天兴奋，晚上也兴奋得睡不着觉。周同学的爸爸找他谈了一个多小时，告诉周同学以后的人生路上会有成功，更会有挫折，要周同学理性看待成功与挫折，做一个"胜不癫狂、败不气馁"之人。有了爸爸的劝导，周同学的兴奋劲渐渐消失，开始思考如何重整行装再出发，如何尽快完成从高中阶段向大学阶段的转型，周同学的睡眠也渐渐恢复正常。

情形二，躯体因素引起的失眠。躯体疾病引起的疼痛、痛痒、呼吸困难、鼻塞、气喘、咳嗽、尿频、呕吐、恶心、心悸、腹胀、腹泻等，都可以引起入眠困难和睡眠不深。

尿频主要出现在儿童和老年人中，也有少量成年人有尿频现象。儿童尿频的话，晚上很难有较长时间的持续性睡眠，并且容易尿床。笔者认识的郑同学，他的尿频症状就比较明显。同龄学生一般两小时左右小便一次，郑同学却很难坚持一个小时，一堂课45分钟过后，郑同学做的第一件事就是冲向厕所。一年中总有那么几次，郑同学白天在学校里尿湿了裤子，晚上睡觉尿湿了垫絮。尿床了，就要起来更换床单和垫絮，几分钟的折腾过后，离下一次小便时间就不远了。那段时间，郑同学几乎没有好好地睡上四五个小时的觉。好在十四五岁后，郑同学的尿频症状消失了，郑同学也终于可以安安稳稳睡个觉了。

情形三，生理因素引起的失眠。生活或工作环境的改变，譬如初到异乡，可以引起失眠，适应一段时间后，失眠可以得到改善。

有个现象，叫择床，是指一个人因为走亲访友或出差公干，离开家里熟悉的床铺，晚上在其他床铺上翻来覆去，很难入睡。择床的人中，女性多于男性。择床的原因，主要有两点：一是择床者对睡眠环境的适应性较弱。离开了原来熟悉的睡眠环境，到了一个新的地方，气湿度不同了，宁静度不一样了，光照度改变了，睡床的软硬度、宽窄度、东西南北朝向不一样了，择床者一下子难以适应，难以入睡。二是择床者或轻或重存在洁癖心理。总觉得家里熟悉的床铺才是干净的，别的床铺张三睡过、李四睡过、王五睡过，那么多人睡过，肯定不干净，于是睡不安稳。经过一段时间的磨合，择床者对睡眠环境渐渐适应，洁癖心理被阵阵来袭的瞌睡打败，择床者的失眠问题便好转了。

情形四，药物因素引起的失眠。苯丙胺、甲状腺素、咖啡碱、氨茶碱等可引起失眠，停药后失眠就消失了。

情形五，大脑弥散性病变引起的失眠。脑动脉硬化、慢性中毒、内分泌疾病等引起的大脑弥散性病变，可引起失眠。表现为睡眠时间减少、易醒、深睡期消失。

（2）过度嗜睡性障碍。常见的有两种情形。

一种是发作性睡病，症状表现为：猝倒；睡眠麻痹；入睡前幻觉；睡眠发作。

另一种是睡眠呼吸暂停，当事人在睡眠中反复出现呼吸停顿，然后突然惊醒过来，恢复呼吸。早上醒来后，当事人精神不振、昏昏欲睡。

睡眠呼吸暂停的人，生活中并不罕见。睡眠中他们多发出响亮的鼾声，"呼哧——呼哧——"。突然间，"呼哧——呼哧——"声没有了，把不知情的旁人吓出一身冷汗。过了一二十秒钟，"呼哧——呼哧——"声重新响起，让不知情的旁人安下心来。

睡眠呼吸暂停综合征，是指连续 7 小时睡眠中发生 30 次以上的呼吸暂停，每次呼吸暂停时间 10 秒及以上，或平均每小时低通气次数（呼吸紊乱指数）超过 5 次，而引起的慢性低氧血症及高碳酸血症的临床综合征，分为阻塞型、中枢型及混合型。

阻塞型，多发生在肥胖者身上，是喉咙附近的软组织松弛，造成上呼吸道狭窄、阻塞。中枢型，多见于有神经系统疾病患者，如脑干或颈髓前侧病变，导致患者呼吸中枢驱动力减弱，引发睡眠呼吸暂停。混合型，兼有阻塞型与中枢型。

有研究表明，高达 98% 的睡眠呼吸暂停综合征患者会打鼾，通常还合并有高血压、心肌梗死、心肌缺氧、中风等并发症。对这类患者的辅助检查发现，睡眠时动脉血氧分压降低、二氧化碳分压升高，清醒时动脉血氧分压和二氧化碳分压恢复正常。

对睡眠呼吸暂停综合征轻症患者，鼓励他们锻炼、减肥，提高他们的身体素质，必要时给予氧疗。对重症患者，根据不同的分型，在医院接受相应的手术治疗或药物治疗。

笔者的一位同事，是阻塞型睡眠呼吸暂停综合征轻症患者。在医生建议下，他购买了一台家用制氧机。晚上睡觉前，打开制氧机，将氧气面罩戴上，睡眠呼吸暂停综合征没有了，迎来了香甜的睡眠。

（3）睡眠——觉醒时间程序的障碍。包括上班时间更改引起的暂时性睡眠障碍和高速飞行时引起的暂时性生理节奏紊乱。

当事人在不需要严格遵守时间程序时能够安然入睡，譬如周末或假日。在需要按点起床、按时上班的工作日，当事人很可能就出现了睡眠——觉醒时间程序的障碍。

（4）梦游症等为代表的深眠状态。梦游症，是当事人在夜间睡眠一段时间后，起床并离床走动，表情呆滞，意识恍惚，对旁人问之不答，呼之不应，走动一阵后又回床睡觉，次日对当晚的行为没有记忆，也无法回忆。发生在儿童身上的梦游症，会随着儿童大脑发育日趋完善而自然消失。

三、睡眠障碍的诊断与治疗

诊断是否为睡眠障碍，临床医生需要详细询问病史，仔细进行体格检查，同时借助必要的辅助检查。

辅助检查中，除了CT、MRI、心电图、B超、血常规、电解质、血糖、尿素氮等基本检查外，还有脑电图、量表测定等特殊检查。

脑电图多导联描记装置进行全夜睡眠过程的监测，是了解睡眠障碍最重要的一种方法。

量表测定中，夜间多相睡眠图记录（NPSG）适于评价内源性睡眠障碍（如：阻塞型睡眠呼吸暂停综合征，周期性腿动）。多相睡眠潜伏期测定（MSLT）常在NPSG后进行，适于评价睡眠过度。

在治疗方面，不同类型的睡眠障碍采用不同的治疗方法。譬如，安眠类药物用于治疗失眠症通常有效，但存在三方面的风险：一是可能导致成瘾，二是长期使用会产生耐药性，需要不断提高剂量，三是长期服用安眠药本身就可能导致睡眠障碍。因此，失眠患者应在医生指导下合理使用安眠类药物。

譬如，睡眠呼吸暂停综合征多见于肥胖、高血压等造成的上呼吸道狭窄患者。国外一些临床专家认为，对睡眠呼吸暂停综合征一种有效的治疗方法是气管造口术。

四、心因性失眠

心因性失眠，是指在排除了躯体疾病，排除了环境因素，排除了其他药物因素或其他物质依赖等，主要由于心理因素所导致的失眠。

首先要排除躯体疾病，譬如呼吸、消化、心血管系统等的疾病都可能导致失眠，需要逐一排除。

同时要排除环境因素，譬如是否因为倒时差、出差、倒班等导致失眠。

此外还要排除一些特殊药物、不良嗜好、作息制度、作息习惯等，是否导致失眠。

排除以上因素后，单纯由于心理因素，包括压力、应急事件、对于睡眠的过度担忧和恐惧等引起的失眠，便是心因性失眠。

心因性失眠由焦虑和抑郁引起，核心症状包括易怒、恐惧、缺乏做事动机、兴趣下降等。焦虑和抑郁患者大脑过度紧张，神经细胞兴奋性增加，导致入睡困难、夜梦增多、早起等失眠症状。

五、疲劳性睡眠障碍

疲劳性睡眠障碍，是指脑力或体力过度疲劳引起的系列睡眠问题，属于慢性疲劳综合征的一种。主要表现为：入睡困难、易醒，醒后没有轻松感觉。

与心因性失眠相比，疲劳性睡眠障碍最大的不同，是醒后没有轻松感觉，整个人体仍然疲劳、乏力、萎靡不振。

疲劳性睡眠障碍的人，醒后可能伴有部分情绪问题，譬如抑郁、焦虑、思维迟滞、记忆力下降等症状。或伴有部分运动系统症状，譬如肌肉疼痛、肌肉无力等。或伴有消化系统症状，譬如食欲减退、消化不良。或伴有泌尿生殖系统的不适，譬如尿频、尿急、月经紊乱等。

轻度的疲劳性睡眠障碍，可以通过自我调整来缓解或消除。例如，调整不良生活方式，进行一些体育锻炼来增强体质，通过肌肉放松或腹式呼吸方法来改善紧张状态。

重度的疲劳性睡眠障碍，可以采用理疗方式或中医中药方式，来减轻肌肉紧张状况，必要时可以在医生指导下，使用抗焦虑抑郁药物，来减轻肌肉紧张程度，改善焦虑抑郁情绪。

六、轻度睡眠障碍的食物疗法

食物疗法，是指利用食物帮助某些病症的治疗或辅助治疗，来进行防病治病或促进病体康复。它既不同于药物疗法，也与普通的药膳有很大差别。

食物治病的特点，是"有病治病，无病强身"，对人体基本无毒副作用。它利用食物性味方面的偏颇，针对性治疗或辅助治疗某些病症，调整阴阳，使之趋于平衡。

食物疗法寓治于食，不仅能达到保健强身、防治疾病的目的，还能给人感官上的享受，使人在享受美味之中，不知不觉防病治病。与苦口的药物相比迥然不同，它让人们易于接受，可以长期运用，对于慢性疾病的调理治疗尤为适宜。

孟子的三十一世孙、我国唐朝医药学家孟诜（公元621—713年）著有《食疗本草》，是世界上现存最早的食疗专著。《食疗本草》汇集古代食疗成果，与现代营养学有诸多共同点，为中医中药学和世界医学发展作出了巨大贡献，孟诜也因此被誉为世界上食疗学的鼻祖。

一千多年来，人们不断探索、总结，应用食物疗法治疗轻度睡眠障碍，尤其是失眠症，取得了较好的效果。

失眠症的食物疗法分为两个方面。一方面是有些食物不能用，或尽可能少用。咖啡、茶水、辛辣食物，会加重失眠。

另一方面是有不少食物可以改善睡眠，减轻甚至治愈失眠症，这类食物有：大枣、核桃、牛奶、蜂蜜、龙眼肉、百合、茯神、小米、葵花子、桑葚、葡萄、圣女果、黑豆、黑芝麻、黑米、薏米等。具体来讲：

大枣，可以安神补脾、安神补气；

蜂蜜，可以补中益气；

牛奶，有色氨酸成分，可以抑制大脑的兴奋；

核桃、小米、葵花子，可以安神补脑；

龙眼肉、百合、茯神，可以养心安神；

桑葚、葡萄、圣女果、黑豆、黑芝麻、黑米、薏米，可以滋补肝肾，有助睡眠。

第四章 语句拼凑游戏与梦

不少人体验过语句拼凑游戏。参与的人越多，语句拼凑后的结果越怪异越搞笑。

一、语句拼凑游戏

20 世纪七八十年代，小学高年级语文课堂上，老师会对句子进行主谓宾定状补分析。

所谓主语，指一个句子中的人或事物；

所谓谓语，这个句子中的人或事物发生的动作；

所谓宾语，这个句子中人或事物发生动作的对象；

所谓定语，这个句子中人或事物的属性，或发生动作的时间、地点等；

所谓状语，这个句子中人或事物发生动作时的状态；

所谓补语，这个句子中人或事物发生动作后其结果的补充说明等。

看一个句子：英勇的八路军指战员在平型关机智勇敢地把日本侵略者打得落花流水。

这个句子中，主语——八路军指战员，谓语——打，宾语——

日本侵略者，定语——英勇的、在平型关，状语——机智勇敢地，补语——落花流水。

日常句子中，主谓宾定状补齐全的是少数，相当数量的句子只有主谓宾或主谓宾定。有一个学生和成年人都适宜的小游戏——语句拼凑，就只有主谓宾定。

这个游戏的玩法是：参与游戏的 N 个人，每人在 4 张纸片上分别写上主谓宾定，构成一个句子；将 N 个主语纸片字面朝下，放在一起并混合，N 个谓语纸片字面朝下，放在一起并混合，N 个宾语纸片字面朝下，放在一起并混合，N 个定语纸片字面朝下，放在一起并混合；每个人从 4 堆纸片中各随机抽取一张，拼成一个新的主谓宾定句子，随机拼凑后的这些新句子读起来往往令人捧腹大笑。

不妨尝试一下。表 2 中有 5 个正常句子：

表 2 正常句子

	主语	定语	谓语	宾语
正常句子 1	小华和小刘这对恋人	在公园空地上	打	羽毛球
正常句子 2	一架无人机	在田野上空	喷洒	农药
正常句子 3	乔布斯	在美国	发明了	iphone4
正常句子 4	西方人	在感恩节	吃	火鸡
正常句子 5	阿牛	在自家茅厕	撒	尿

随机拼凑后的句子可能就成了：

1. 小华和小刘这对恋人在田野上空吃羽毛球（捧腹大笑吧）；

2. 阿牛在公园空地上打 iphone4（捧腹大笑吧）；

3. 乔布斯在自家茅厕喷洒火鸡（捧腹大笑吧）；

4. 一架无人机在感恩节发明了尿（捧腹大笑吧）；

5. 西方人在美国喷洒农药（捧腹大笑吧）。

二、梦是所历所见所闻的拼凑

白天，人们神经系统专注度较高时，说话有分寸，做事有条理，思维有逻辑。白天，若是人们的神经系统专注度较低，说话可能语无伦次，做事可能缺乏章法，思维可能出现混乱。

夜间，人们在睡眠中，大脑中只有少数神经细胞轮流值守，神经系统专注度大大降低。若出现梦境，梦境中的人物、地点、动作，很可能是张冠李戴，像语句拼凑游戏那样。

笔者在对 500 多个梦境的解析中发现：人物、地点、动作，是构成梦境的元素；梦境没有年月日，像没有朝代，只有人物、地点、动作的古龙小说；梦中的人物、地点、动作等，不是凭空出现的，而是来源于梦者曾经所历所见所闻；梦境是梦者曾经所历所见所闻的拼凑，绝大多数时候是一种乱拼。

梦境来源于梦者曾经所历所见所闻。梦中的人物、地点、动作，要么是梦者亲身经历了的，要么是梦者亲眼所见的，要么是梦者亲耳所闻的。

亲眼所见，既包括眼睛曾经看到的实时场景，也包括眼睛曾经浏览电影电视报纸书籍网络等，看到的远方场景、既往场景，甚至是科幻场景。亲耳所闻，既包括曾经听到的实时声音，也包括曾经从旁人那里听到的，从电影电视网络等听到的其他声音。

梦境是一种随机拼凑。作为随机拼凑，多数时候是乱拼。它可能是人物的乱拼，将人物 A 的事情，张冠李戴到人物 B 头上了。

譬如，有人梦境中，自己在高速公路上驾车追尾了，惨兮兮的。

事实是，他的一位要好朋友，半年前在高速公路上发生追尾，车辆损失较大，所幸人员没有受伤。这事，是要好朋友告诉他的。

譬如，有人梦境中，在公园里他与一位心仪的电影明星手牵手，说着话。

事实是，恋爱时，他与自己的女朋友，在公园里牵手说话。他在电影里看到过，心仪的那位电影明星与其他人挽手散步。

它可能是地点的乱拼，将发生在地点 A 的事，乱拼成发生在地点 B 了。譬如，有人梦境中，自己和新婚妻子去了普吉岛度假。

事实是，新婚旅行，他和妻子只去了省城。在纪实频道上，他看到过不少年轻人，成双成对去普吉岛旅游，拍摄婚纱照。

它可能是动作的乱拼，将动作 A 乱拼成动作 B 了。譬如，有人梦境中，父亲让他跪着，拿着棍子打他的屁股，教训淘气顽皮的他。

事实是，他的父亲，小时候只打过他的小手掌，以教训他。他看到的是，小学同学的父亲，经常让这位同学跪着，拿着棍子打这位同学的屁股。

它同样可能是人物、地点、动作中，两个甚至三个的乱拼。譬如，有人梦境中，和父亲大吵一架后，短暂离家出走，去省城逛了一圈。

事实是，少年时期的他，和母亲吵了一架后，短暂离家出走，到县城逛了一圈。

因此，只要梳理一下梦者曾经所历所见所闻，了解他（她）做梦前躯体状态和精神状态，同时，知晓梦境是梦者曾经所历所见所闻的拼凑，解梦就不是什么难事了。

能够解梦的，有三种人。一是梦者自己，自己最清楚自己曾经所历所见所闻，明白自己躯体状态和精神状态。二是梦者的知情人，他们或是梦者的要好同学同事，或是梦者的男女闺密。三是受梦者信任的陌生人，如心理咨询师、心理治疗师、心理医生、精神科医生，梦者愿意向他（她）敞开心扉，向他（她）提供自己曾经所历所见所闻。

三、梦境与事实相吻合的概率

一个最简单的梦境，至少包含一个人物、一个地点、一个动作。复杂一点的梦境，人物、地点、动作分别有两三个之多。

清醒状态下，大脑中100亿左右的神经细胞近乎100%高效率运转，神经系统专注度高，一个人能够将自己曾经在某个地点经历的某个事情，有序地、准确地描述出来，这便是回忆。

睡眠状态下梦境中，只有少数大脑神经细胞轮流值守，神经系统专注度低，一个人曾经所历所见所闻的人物、地点、动作，便像主谓宾纸片拼凑游戏一样，随机地拼凑起来。绝大多数情况下，这种随机拼凑是一种错拼，导致梦境怪异、蹊跷。也有极少数情况，梦境恰恰与曾经的人物、地点、动作相吻合。

那么，相吻合的概率有多大呢？

一个人曾经所历所见所闻中，能记忆下来的人物、地点、动作少说也在20个以上。在只有一个人物、一个地点、一个动作如此简单的梦境中，人物、地点、动作随机拼凑后，恰恰与曾经真实的人物、地点、动作相吻合的概率为 $1/20 \times 1/20 \times 1/20$，是一件极低概率的事。

四、稀奇古怪的梦境

在有两个及以上人物、地点、动作的复杂梦境中，人物、地点、动作随机拼凑后，恰恰与曾经真实的人物、地点、动作相吻合的概率会更低。

绝大多数梦境中，梦者曾经所历所见所闻的人物、地点、动作随机拼凑后，无法与曾经真实的人物、地点、动作相吻合，因此让梦者觉得梦境稀奇古怪。

有的是人物、地点、动作中某一项出现了张冠李戴，让梦者觉得梦境怪异、蹊跷。有的是人物、地点、动作中两项及以上出现了张冠李戴，让梦者觉得梦境不可思议。

第五章　梦与大脑神经细胞

梦者所历所见所闻、神经递质、大脑神经细胞，三位一体，完成一个梦境。

一、梦的形成

先说说梦者所历所见所闻。

无源之水、无本之木，是不存在的。笔者对 500 多个梦境分析后发现，再怪异的梦、再蹊跷的梦，梦中的场景和人物，要么是梦者现实中经历过的，要么是梦者现实中从影视、书画、网络等看见过的，要么是梦者现实中从旁人那里听说过的。

接着了解神经递质。

研究表明：人体内存在着诸多神经递质，它们有的是兴奋性递质，有的是抑制性递质，有的既可以充当兴奋性递质也可以充当抑制性递质。

重要的神经递质有五种：①乙酰胆碱，它是兴奋性递质；②儿茶酚胺，包括去甲肾上腺素、肾上腺素和多巴胺，多巴胺是典型的兴奋性递质，被誉为"恋爱兴奋剂"；③5 - 羟色胺，一般是抑制性的，也有兴奋性的；④氨基酸递质，属于抑制性递质；⑤多肽类神经活性物质。

躯体处于疲劳、痛苦，或精神处于紧张、不堪时，神经系统会分泌相应的神经递质，这些神经递质反过来影响人的大脑，左右人的梦境。

同样，当躯体处于舒适，精神处于亢奋时，神经系统也会分泌相应的神经递质，这些神经递质反过来影响人的大脑，左右人的梦境。

梦状态时的大脑神经细胞。工作、学习时，近乎所有大脑神经细胞都处于工作状态或准工作状态，司职思考的大脑神经细胞会全神贯注去思考，司职记忆的大脑神经细胞会不遗余力去记忆，因此，工作、学习时的思考是高效率的，记忆是比较清晰的。梦状态时，只有少数大脑神经细胞处于轮流值守状态，因此，梦状态时的思考是乏力的，记忆是浅浅的。

大多数人有过这样经历：当身体健康、精神状态很好时，工作起来得心应手，手头的事情处理得井井有条，一些看似不可能完成的事情，居然完成了。当睡眠不好、精神状态很差时，整个人神志恍惚，工作起来无精打采，手头的事情颠三倒四，一些看似很简单的事情，居然都完成不了。

人体处于梦状态时，与白天精神状态很差时，表现上有些相似。

二、梦状态时的神经系统专注度

一位有着 30 多年驾龄的老师傅，车技娴熟，30 多年行车中，没有一次交通事故，没有一次违章扣分，没有一次小擦小碰，就连一只鸡子都没压死过。老师傅说：什么叫车开得好？你不撞别人，那不叫车开得好；别人不小心快要撞上你时，你能躲得开，那才叫车开得好。老师傅还说：夜间行驶，不少人容易疲劳犯困，我呢，是半驾驶半休息状态，在遭遇紧急情况前一刹那，整个人立马切换成全神贯注状态。

完成一件事，有人几乎是全身心投入，专注度近乎 100%；有人半心半意，专注度约 50%；有人心不在焉，专注度不足 10% 甚至更低。

专注度不同，完成事情的效果就不一样。专注度高的，事情被安排得有先有后、有条不紊，事情被完成得清清爽爽、漂漂亮亮。专注度低的，事情被搞得杂乱无章，做出的事情往往让人啼笑皆非、哭笑不得。

同一个人，白天与睡眠时，他的神经系统专注度可谓天壤之别。白天，他的神经系统近乎 100% 满负荷运行，因此他的言行、思维处于正常状态，符合逻辑顺序、逻辑关系。睡眠中，他的神经系统中大多数大脑神经细胞处于静息状态，只有少数大脑神经细胞处于轮流值守状态，因此睡眠时，做出一些不怎么符合逻辑顺序、逻辑关系的事（梦游），呈现出一些不怎么符合逻辑顺序、逻辑关系的思维（梦境）来。

梦境不似人的亲身经历，亲身经历时，大脑中司职记忆功能的神经细胞几乎全部开足马力工作，因此亲身经历的事情，会留下深刻的记忆。而梦境时，大脑中只有少数司职记忆功能的神经细胞在工作，因此大多数梦境很难留下深刻记忆。

三、梦境中难以听到闹铃声

夜间休息，或午间短暂休息时，大脑中 100 亿左右大脑神经细胞中的多数处于静息状态，少数处于轮流值守状态。

处于轮流值守状态的大脑神经细胞，类似于大部队安营扎寨时轮流值守的哨兵。值守神经细胞履行四项职责：

职责一：预警。睡眠状态下的人体，接收到超过一定频率、时长的声音，超过一定强度的触摸或拍击，超过一定浓度的异常气味，超过一定温度和时长的热或冷，等等，轮流值守状态的神经细胞就能够感觉得到。

几乎所有人都有过这样的体验：和人体清醒状态下相比，睡眠状态下这种感觉能力要低得多。

若是睡眠状态，又正处于梦境中，双重叠加后，轮流值守的神经细胞更忙得不亦乐乎，预警能力进一步下降：无梦睡眠状态下可以听到的闹铃唤醒声，此时可能就听不见了，需要更大分贝、更多次数的叫唤声音才能听见，才能被唤醒过来。

职责二：唤醒。睡眠状态下，轮流值守的神经细胞听到声音、感受到炙热、寒冷、异味等后，会唤醒其他处于静息状态下的众多神经细胞。如同哨兵发现敌情后，迅速叫醒正在沉睡的战友。

被唤醒后的神经细胞，迅速发出指令，让人体行动起来，起床、捂鼻或逃生。

职责三：记忆。虽然只有少之又少、司职记忆功能的神经细胞处于轮流值守状态，但它们依然尽职尽责履行记忆功能，记忆着梦境，记忆着生物钟等。

所以，人体睡眠状态中，所做过的某些梦，能留存在记忆中。不少人晚上睡眠后，早上能八九不离十地在差不多的时间点醒来。

职责四：梦境。睡眠状态下，有时会出现睡眠者曾经所历所见所闻的拼凑与回放，它就是梦境。主导这种拼凑与回放的，是轮流值守状态下的神经细胞。

四、睡眠状态下大脑值守神经细胞的效率模型

睡眠状态下，人体 100 亿左右的大脑神经细胞，只有少数处于轮流值守状态。多数处于静息状态，养精蓄锐，便于清醒状态时高效率运转。

人体清醒状态下，所有大脑神经细胞近乎 100% 高效率运转，此时大脑神经系统的效率指数最高，设定为 100。那么，$X\%$ 的大脑神经细胞近乎 100% 高效率运转时，大脑神经系统的效率指数 Y 可以表征为：

$$Y = \log a^X + b \ (其中 \ a > 1, \ b > 0, \ Y > 0, \ X > 1)$$

公式图形化后，为第一象限内，先快速上升后缓慢上升的图形。

图形中，当 X 取值 2 左右时，Y 值可以达到 10 左右；当 X 取值 10 左右时，Y 值可以达到 40 左右；X 取值 70 左右时，Y 值在 80 左右；X 取值 100 时，Y 值为 100。

睡眠状态下，即使只有 2% 左右的大脑神经细胞轮流值守，也可以让神经系统保持 10% 左右的效率。10% 左右的大脑神经细胞轮流值守，便可以让神经系统保持 40% 左右的效率。随着运转状态下神经细胞占比增加，神经细胞的边际效率在递减，整个大脑神经系统效率呈现缓慢上升趋势。

第六章　梦的解析——唯物主义方法的回归

中国人很早就开始关注梦、解析梦，《黄帝内经·灵枢·淫邪发梦》通过辩证分析梦者阴阳二气及上、中、下三焦的虚盛等，对梦的成因进行了解析，作出了积极贡献。

1899 年 11 月，奥地利心理学家弗洛伊德《梦的解析》首次出版，将心理学方式研究梦境推向新高度，但其中的唯心主义方法、泛性主义倾向受到后人的批评。

20 世纪 60 年代后，国际上对梦的研究慢慢转向生物实验室，做梦从此被视为一种生物现象，梦的解析也渐渐摆脱唯心主义成分，回归到唯物主义方法。

一、弗洛伊德的贡献与不足

梦的解析中，弗洛伊德的释梦理论一度很具影响力。他提出了人脑以两种截然不同的方式进行活动：一种方式是以梦为代表，另一种方式是以清醒的思维为代表，对后来的研究者有一定的启示。但弗洛伊德释梦理论中的唯心主义方法和泛性主义倾向遭到了强烈的抨击，在他的追随者中也有不少人对此表示怀疑。除此之外，在他的学说中还存在三个严重不足。

一是把梦归为病态范畴，认为"精神病和正常人的区别只是在白天，到了梦里，这种区别就消失了"，完全抹杀了健康与精神病之间的区别。

二是欲望实现说，难以对大多数梦作出令人信服的解释，如创伤梦、焦虑梦、创造性梦等。他只认为梦具有表现作用和发泄作用，却根本忽视了梦具有协调和交流作用。

三是他认为象征是由于冲突和压抑造成的病态，这种看法不科学。他认为象征关系是固定不变的，某种梦的元素只能代表某种意义，且找到了一百多种有关性的固定象征，未免过于机械。

二、梦的唯心主义解析批判

对梦的解析中，有人将梦境中的锅碗瓢盆等容器，映射成女性，将棍棒刀枪等映射成男性。有人将梦境中跌倒在地，解析为事业受阻，将放飞风筝解析为事业蒸蒸日上。有人将梦境中的数字14，解析为谐音"要死"，视为不吉利，将梦境中的数字18，解析为谐音"要发"，视为大吉大利……

如此释梦，和街头算命相去不远，属于唯心主义方式方法。

看一看唯心主义方法对18个梦境的解析，会发现这种解析有多么滑稽，多么不可信。

案例1

梦境

一个老人梦见自己去电影院看电影，他想找第18排的座位，可怎么也找不到，在梦里很焦急，也很惆怅。

梦的解析

在这个梦里，18 代表年龄，老人对自己日益迟暮的年龄很焦急，希望回到 18 岁，回到年轻的从前。

案例2

梦境

一个农村青年想去大城市打工攒钱，有天晚上他梦见自己要去这个城市，乘坐的列车是 18 号车厢。

梦的解析

这里的 18，不言而喻的，"18" 即 "要发" 也。

案例3

梦境

梦见从新建的七层公寓的阳台上跌落下来。

梦的解析

预示着梦者家里的阳台栏杆松动了，不安全，需要加固。

案例4

梦境

梦见大儿子从一架梯子上掉下来。

梦的解析

预示着梦者家里的梯子不够结实，存在有松动的地方，需要加固梯子。

案例 5

梦境

一名大学生梦见自己从教学楼楼梯上跌落下来。

梦的解析

这名大学生成绩较差，害怕留级。

案例 6

梦境

一位无线电台主任的妻子梦见自己走路跌倒了。

梦的解析

这位女士的先生职位晋升后，女士感到自己配不上先生了。

案例 7

梦境

一位出身于天主教家庭的姑娘，梦见自己跌倒了、爬起来，又跌倒了一次。

梦的解析

这位姑娘与男友未婚同居，她感觉自己堕落了，心里很内疚。

案例 8

梦境

一名妇女梦见自己在床上躺着，突然感到人与床飘飘的，像雪花般下落。

梦 的 解 析

床预示着家庭根基，床下落预示着家庭根基不稳，丈夫对她不够关心、呵护。

案例9

梦 境

某人梦见自己打游戏机，分数越打越高。

梦 的 解 析

某人这段时间过于看重功名，应尽快调整一下自己。

案例10

梦 境

一名高中生梦见自己被剖腹，肚子里被掏空了。

梦 的 解 析

表明他真正的内脏——他的生命力受到了严重损害，他应该适当地放松一下自己，劳逸结合，参加文体活动。

案例11

梦 境

妇女梦见长刀、长枪，或梦见铁锅。

梦 的 解 析

妇女梦见长刀、长枪，是生男孩的预兆。梦见铁锅，是生女孩的预兆。

案例12

梦境

唐朝开国皇帝李渊刚刚要起兵反叛隋朝时做过一个梦，梦见自己掉到床下，被蛆吃。

梦的解析

李渊认为这个梦是自己要死的预兆，所以不准备起兵。他手下一个人说这个梦是个好梦，落在床下意思是"陛下"，被蛆吃表示众人要依附于你。李渊听了这番话，放心起兵，后来推翻了隋朝，自己当了皇帝。

案例13

梦境

某人在梦境中发现自己下巴的胡须有点长了，用手将一将，感觉不错的。

梦的解析

胡须代表着父亲，某人梦境中梦到了胡须，说明他想念父亲了。

案例14

梦境

某人梦境中梦到了女性丰满的乳房，很兴奋的，心跳加快。

梦的解析

乳房代表着母亲，某人梦境中梦到了乳房，说明他想念母亲了。

案例15

梦境

某人梦境中梦到了两三个小朋友，在草地上玩耍，很是可爱。

梦的解析

小朋友代表着弟弟妹妹，某人梦境中梦到小朋友，说明他希望家里有弟弟有妹妹。

案例16

梦境

某人梦境中，梦到国王、王后坐在大殿上，接受群臣们叩拜。

梦的解析

国王、王后代表着父亲、母亲，某人梦境中梦到国王和王后，说明某人想念他父亲母亲了。

案例17

梦境

某女性梦境中，梦见下雨天一位绅士左手撑伞，右手拿着根文明杖。

梦的解析

拐杖、雨伞都代表着男性生殖器，这位女性梦境中梦到拐杖和雨伞，说明这位女性想念男性，有较强的性需求。

案例18

梦境

某位男性梦境中，梦见自己和几位伙伴外出游玩，看见一个洞穴，便慢慢摸爬进洞穴探幽。

梦的解析

洞穴代表着女性生殖器，这位男性梦境中梦到了洞穴，说明他想念女性，有较强的性需求。

三、一些生物实验发现

梦与睡眠状态下大脑的认知行为，是国内外专业人员一个重要的研究方向。人们对此虽有很多的谜团，但也取得了一些生物实验发现。

研究人员用仪器测试发现，做梦不是人类特有的现象，鸟类和所有哺乳动物也都会做梦。

研究人员发现，脑电图能够适时反映出人体睡眠时是有梦还是无梦，脑电图显示无梦睡眠时将测试者唤醒，他会说没有任何梦境，脑电图显示有梦睡眠时将测试者唤醒，他会记得刚刚做的梦。

研究人员通过脑电图测试发现，人每隔90分钟左右就有5～20分钟的有梦睡眠。

研究人员发现，睡眠时，人体呼吸频率降低到清醒时的50%左右，心率降低到清醒时的40%～70%，神经细胞的功能降低到清醒时的10%左右。

研究发现，做梦是人体一种正常的、必不可少的生理和心理现象。人入睡后，仍有一小部分大脑神经细胞在活动。正常的梦境活动，是机体活力的一种表现形式。有人做过阻断人做梦的实验：当睡眠者一出现做梦的脑电波时，就立即被唤醒，不让其梦境继续。如此反复进行，结果发现对梦的剥夺后，会导致人体一系列生理异常，如血压、脉搏、体温等均有增高趋势，自主神经系统机能减弱，还引起人的一系列不良心理反应，如焦虑不安、紧张、易怒、感知幻觉、记忆障碍、定向障碍等。

研究发现，倘若大脑调节中心受损，就形成不了梦，或仅出现一些残缺不全的梦境片段。

研究发现，梦是大脑调节中心平衡机体各种功能的结果，梦是大脑健康发育和维持正常思维的需要。如果长期无梦睡眠，倒值得人们警惕了。当然，若长期噩梦连连，也是躯体虚弱或精神紧张的预兆。

四、梦的唯物主义解析

睡眠时，神经细胞被广泛抑制，然而这个抑制过程是不完全的，大脑皮层的某些神经细胞还处于兴奋状态。

睡眠时，如果少数处于兴奋状态的是大脑皮层某些与语言或运动有关的神经细胞，那么就会出现说梦话、梦游等现象。

研究表明，少年、青年、中年人，对近期所历所见所闻的记忆，比远期所历所见所闻的记忆要深刻。渐渐步入老年后，记忆功能退行性改变，因此，对近期所历所见所闻的记忆不怎么深刻，经常是，刚刚说的话、做的事，一下子就忘记了。反倒是，远期所历所见所闻仍比较牢固地留存在大脑中。

因此，对于少年、青年、中年人，梦境的拼凑元素中，近期所历所见所闻要多于远期所历所见所闻。也就是，梦境中的人物、地点、动作等，主要是梦者近期的所历所见所闻。

对于记忆力明显衰退的老年人，梦境的拼凑元素中，远期所历所见所闻要多于近期所历所见所闻。他们梦境中的人物、地点、动作等，主要是几年、几十年前的所历所见所闻。

1. 噩梦的解析

梦境

被认识或不认识的人，甚至是鬼神，拿着棍棒或刀枪追杀。自己呢，撒腿逃命。逃命过程中，感觉腿不给力，追杀者离自己越来越近。

梦的解析

梦者曾经所历所见所闻如下。

（1）做梦前，梦者的躯体状况或精神状态不好，承受着躯体的不适甚至是痛苦，精神的紧张与不堪。

（2）梦者曾经看到过有人被追杀的场景，或从电影、电视、网络等目睹过有人被追杀的场景，或谈天说地中听到过有人被追杀的场景。

一番梳理后，噩梦是梦者曾经所历、所见、所闻的拼凑。梦者或现实中看到过，或从电影、电视、网络等目睹过，或听说过有人被追杀的场景，梦者在梦境中把被追杀的对象拼凑成了自己。

2. 担忧梦的解析

梦境

或梦见自己掉了钥匙，被反锁门外，想进门却怎么也进不去。或梦见钱夹、重要票据等被一股脑儿放进了洗衣机内，想把它们取出来却怎么也做不到。或梦见煤气起火，火势蔓延开来，想灭火却怎么也灭不下去。或梦见自己掉进了水沟掉进了水氹子掉进了江河，想爬出水面却怎么也做不到。或梦见自己乘坐的车辆出现了意外，死的死伤的伤，想尽快逃离现场却满是拥堵……

梦的解析

梦者近期并没有发生过掉钥匙、被误洗了票据、小火小灾、失足落水、车辆相撞等情况，但梦者曾经所历所见所闻如下：

（1）人生漫长，掉钥匙、被误洗了票据、小火小灾、失足落水、车辆相撞等这些寻常事情，几乎每个人都经历过或听说过。

（2）这些寻常事情，有的是梦者自己曾经经历过的，有的是发生在亲戚朋友身上、自己听说的，有的是从媒体上获悉的。

一番梳理后，担忧梦是梦者曾经所历所见所闻的拼凑。梦者或自己曾经经历过的，或亲戚朋友经历过、自己听说过的，或从媒体上了解到的，诸如掉钥匙、被误洗了票据、小火小灾、失足落水、车辆相撞等场景，在梦境中与梦者拼凑在一起了。

3. 尿急梦的解析

梦境

忙乎着，玩耍着，忽然来了尿意，于是火急火燎四处寻找厕所。

越是着急寻找厕所，那尿意越发紧急。快要憋不住尿的那一瞬间，自己被惊醒了。从梦境回到现实，赶忙披衣入厕。

梦 的 解 析

所有人白天都有过尿急，急于寻找厕所的经历。

睡眠状态下，尿意同样渐渐袭来。尿意较浓时，睡眠状态下的梦者，梦中就会回放白天四处寻找厕所的场景。只不过，白天是真真切切找厕所，睡眠状态下的梦中，是躺在床上找厕所。

不同于尿床梦的是，在尿急梦中，当快要憋不住尿的时候，梦者会从梦中惊醒过来。而尿床梦中，当快要憋不住尿的时候，梦者在梦中是能够找到厕所的，然后梦中一放为快，醒来后发现是尿在了床上。

4. 遗精梦的解析

梦 境

遇到了自己心仪的女性，这样的心仪女性或是初恋情人、暗恋对象，或是前妻、前女友，或是同学同事朋友，或是大众人物，或是擦肩而过的女性。两人花前月下，有着说不完的话，牵不完的手。卿卿我我间，梦者体内荷尔蒙迅速聚集，身体某个部位开始硬胀，小股热流从体内流出。惊醒过来，用手一摸，发现是遗精了。

梦 的 解 析

遗精是约 14 岁后健康男性的正常生理现象。这些男性曾经所历所见所闻如下。

（1）这些男性有过自己心仪的女性，或是初恋情人、暗恋对象，或是前妻、前女友，或是同学同事朋友，或是大众人物，或是擦肩而过的女性。

（2）这些男性或目睹过，或从电影电视网络等媒体上看到过，或从他人口中听说过这样的场景：热恋中的男女漫步于花前月下，有着说不完的话，牵不完的手。

（3）满则溢，囊中的精液满了，就会找机会释放出去。这些男性若尚未成婚，没有正常的夫妻生活，或虽已成婚，但缺乏正常的夫妻生活，体内的荷尔蒙聚集到一定程度时，身体某个部位便开始硬胀，小股热流从体内流出。这种遗精现象，几乎发生在睡眠状态下的梦中。

一番梳理后，遗精是健康男性正常的生理现象，遗精梦是 14 岁左右后男性曾经所历所见所闻的拼凑。这些男性或目睹过，或从电影电视网络等媒体上看到过，或从他人口中听说过的热恋中的男女漫步于花前月下场景，与梦者心仪的女性及梦者自己，在梦境中拼凑在一起了。

5. 桃花梦的解析

梦境

与一位心仪异性不期而遇，这位异性或是同学同事朋友，或是电影电视网络等媒体上的公众人物，或是擦肩而过的路人。两人情侣般卿卿我我、甜甜蜜蜜，说着悄悄话、做着浪漫事。猛然间醒来，不过是黄粱美梦一场空。

梦的解析

梦者曾经所历所见所闻如下：

（1）梦者有过自己心仪的异性，这样的异性或只有一个，或有多个。

（2）梦者或目睹过，或从电影电视网络等媒体上看到过，或从他人口中听说过这样的场景：一对情侣卿卿我我、甜甜蜜蜜，说着悄悄话、做着浪漫事。

一番梳理后，桃花梦是梦者曾经所历所见所闻的拼凑。梦者或目睹过，或从电影电视网络等媒体上看到过，或从他人口中听说过的情侣们卿卿我我、甜甜蜜蜜的场景，与梦者及梦者心仪的异性，在梦境中拼凑在一起了。

6. 官运财运梦的解析

梦境

梦见自己走了好运，职级上得到了提升，可以众目睽睽之下指挥手下，好不风光的。或突然间有了大把的金银财宝钞票，可以豪气冲天地购买豪宅，购买奢侈品，到高档酒店消费。

梦的解析

梦者曾经所历所见所闻如下：

（1）升官、发财、光宗耀祖，是官运财运梦梦者的一个奋斗目标。

（2）官运财运梦梦者或目睹过，或从电影电视网络等媒体上看到过，或道听途说过，一些人升官发财后的风光场景。

一番梳理后，官运财运梦是梦者曾经所历所见所闻的拼凑。梦者或目睹过，或从电影电视网络等媒体上看到过，或道听途说过，一些人升官发财后的风光场景，与有着升官发财奋斗目标的梦者自己，在梦境中拼凑在一起了。

7. 平平淡淡梦的解析

梦境

和生活中的琐碎事情一样，譬如干些家务活啊，在学校读书学习啊，和同龄人一起玩耍啊。

梦的解析

梦者曾经所历所见所闻如下。

（1）梦者生活中的多数时候，就是面对一些鸡毛蒜皮的小事。

（2）梦者或曾经亲身经历过，或曾经看见过，小伙伴们到邻居家树上摘土桃子。

（3）梦者或曾经亲身经历过，或从电影电视网络等媒体上看到过，农村孩子去田野挖猪菜。

（4）梦者或曾经亲身经历过，或听同学说过，家大口阔人家里，兄弟姊妹们在一起免不了拌个嘴、扯个皮。

……

一番梳理后，平平淡淡梦是梦者曾经所历所见所闻的拼凑。梦者或曾经亲身经历过，或目睹过，或从电影电视网络等媒体上看到过，或道听途说过的一些鸡毛蒜皮的小事，与梦者自己，在梦境中拼凑在一起了。

8. 托梦的解析

梦境

亡人通过语言、动作或表情，向梦者表达他们的想法、愿望或诉求等。

基于曾经所历所见所闻，梦者对逝去的亲人、同事、好友情况比较熟悉。他们去世前，或是没吃过一顿大餐，没穿过一身好衣服，或是想买一部崭新的自行车或私家车代步上班，或是一辈子忙忙碌碌，没有时间或闲钱来一场说走就走的旅行，或是孩子还未拉扯大就英年早逝了。

梦者这些曾经所历所见所闻的拼凑，形成了托梦。

譬如，张三去世时孩子还未成年，梦里成了亡人李四指了指路边的孩子，对梦者说着小孩需要大人帮忙照管之类的话。

譬如，李四去世前，从未穿过一身像样的衣服，梦里成了亡人王五扯了扯自己的衣角，示意梦者，亡人王五他（她）的衣不够穿，或衣服太破旧。

譬如，王五去世前，一直想有机会看看外面的世界，梦里成了亡人张三要梦者带着他（她）一起去看风景。

和其他梦境一样，多数托梦是张冠李戴，让梦者一头雾水，似乎不对这托梦表示点什么（如，为托梦里的亡人烧点纸钱之类），心里总觉得过意不去。

其实，只要将熟悉的亡人情况一番梳理，便可以对托梦一笑了之。

五、梦的自我解析

一个人一生中做过的梦成百上千，多数梦消失得无影无踪，没有在脑海中留下记忆。梦的消失有两种方式，一种是睡眠中有梦，但梦者醒来后不知道自己曾经做过梦。另一种是从梦境中醒来时，梦者能弱弱地记忆起刚才有过的梦境，这些梦几乎是平平淡淡的梦，几个小时、十几个小时后，这弱弱的记忆便消失了。

消失的梦，人们不会去寻觅，不会给梦者带来情绪波动、心理压力。

能留下记忆的梦，要么内容特殊，为噩梦、遗精梦、桃花梦、官运财运梦、托梦之类。要么通过强化记忆，从梦中醒来后，梦者将梦境告知身边清醒状态的人，身边的这人后来又将梦境转述给梦者本人，强化了梦者对该梦境的记忆。要么使用实时记录，从梦中醒来后，梦者使用手机记事本或笔和纸，将梦境记录下来，只要看到这记录，梦者就能复盘该梦境。

对留下了记忆的梦，如果看似蹊跷怪异，梦者不妨花费三五分钟时间，自我解析一番。解析过后，梦者身心为之一爽，不会为梦境所困扰。

1. 梦境内容的自我解析

梦境的内容包括 1—N 个人物、1—N 个地点、1—N 个动作，内容的自我解析如下。

步骤一：这 1—N 个人物，是否是自己曾经打过交道的，或从同学同事朋友口中听说过的，或从电影电视网络报纸等媒体上了解过的？

这 1—N 个地点，是否是自己曾经去过的，或从同学同事朋友口中听说过的，或从电影电视网络报纸等媒体上了解过的？

这1-N个动作，是否是自己曾经有过的或亲眼看到过的，或从同学同事朋友口中听说过的，或从电影电视网络报纸等媒体上了解过的？

心里回答"是"的话，继续下一步。

步骤二：这些人物、地点、动作组合在一起，与自己亲身经历过，或从同学同事朋友口中听说过的，或从电影电视网络报纸等媒体上了解过的组合是一致还是不一致？

心里回答"不一致"的话，继续下一步。

步骤三：这些人物、地点、动作组合在一起，是否像语句拼凑游戏那样，是一种拼凑？

心里回答"是"的话，继续下一步。

步骤四：对该梦境中出现的人物、地点、动作，并不觉得无凭无据、空穴来风？

心里回答"是"的话，继续下一步。

步骤五：对该梦境中出现的人物、地点、动作，像语句拼凑游戏般地组合在一起，能够理解？基本理解？不能理解？

笔者开展过调查，请200个同事同学朋友，各自就他们记忆比较深刻的一个梦境，按照上述方法进行梦境内容的自我解析。结果显示：

（1）这200个人都能从步骤一进行到步骤五；

（2）在步骤五，95.5%（191人）受调查者表示"理解"，4.5%（9人）受调查者表示"基本理解"。

示例1：张三梦境内容的自我解析

张三的梦境：春节快到了，单位安排人手值班。办公室为值班人员准备了生活用品，每人一份盒装春卷，男性另加香烟一包。老父亲听说两名女性值班者没有香烟，就自己掏钱买了两包香烟，和春卷放在一起。

张三对该梦境内容的自我解析如下。

步骤一：张三梳理一下自己曾经所历所见所闻。

自己尚未退休，每逢春节等节假日，单位都会安排人员值班。

为了关心节假日值班人员，单位会为值班人员每天准备一两盒方便面之类的生活用品。

每逢同事中有老人去世，自己都会前往哀悼，并表示慰问。同事办完白事后，会给前往哀悼过的同事、朋友们送去一份小小回赠，往往是一条毛巾、一块肥皂，有的还加上一包香烟。

自己的妻子喜欢买春卷吃，隔三岔五从菜市场上买回一盒春卷。

自己的父亲是位热心肠的老人，外出遇到有人乞讨，哪怕口袋里只有三四元钱，也要给乞讨者一两元钱。

梳理后发现，梦境中的人物（父亲、值班人员等）、地点（单位）、动作（为值班人员准备生活用品、买回春卷、加上香烟、自掏腰包等），都是自己曾经打过交道、经历过的，或从同学同事朋友口中听说过的，或从电影电视网络报纸等媒体上了解过的。

步骤二：这些人物、地点、动作组合在一起，与自己亲身经历过，或从同学同事朋友口中听说过的，或从电影电视网络报纸等媒体上了解过的组合是不一致的。

步骤三：这些人物、地点、动作组合在一起，像语句拼凑游戏那样，是一种拼凑。

步骤四：对该梦境中出现的人物、地点、动作，不觉得无凭无据、空穴来风，而是来源于自己曾经所历所见所闻。

步骤五：该梦境中出现的人物、地点、动作，像语句拼凑游戏般地组合在一起。现实中单位为值班人员准备方便面之类，梦境中拼凑成单位为值班人员准备春卷加香烟了，因此梦境显得蹊跷怪异。对这种蹊跷怪异，自己能够理解。

示例2：李四梦境内容的自我解析

李四的梦境：女儿从小学到高中，我一直没能陪她外出旅游。一是学业紧张，二是手头不怎么宽裕。等到女儿高中毕业了，下定决心带女儿去旅游一次。最初打算去三亚，后来听说三亚最近频频出现宰客现象。"那就改为南宁吧，好歹出省了，去远地方了"，我这么想着。

李四对该梦境内容的自我解析如下。

步骤一：李四梳理一下自己曾经所历所见所闻。

自己的女儿从小学到高中，一直没有机会和家长外出旅游。那时，学生学业紧张，家里经济状况也不太好。

从身边同事、朋友那里了解到，从新闻媒体上知道：孩子们初中毕业，或高中毕业后，一些家长会带着孩子旅游一次，放松身心、增长见闻。

最近几年，三亚旅游十分火爆，是初中、高中毕业生旅游的热门地点之一。

从媒体上了解到，今年暑期三亚频频出现宰客现象，一些原本打算去三亚的游客，改去其他地方。

工作原因，自己曾到过广西南宁，那是一座非常美丽的南方省会城市，给自己留下了深刻印象。

梳理后发现，梦境中的人物（女儿）、地点（三亚、南宁）、动作（毕业旅游、宰客等），都是自己曾经打过交道、经历过的，或从同学同事朋友口中听说过的，或从电影电视网络报纸等媒体上了解过的。

步骤二：这些人物、地点、动作组合在一起，与自己亲身经历过，或从同学同事朋友口中听说过的，或从电影电视网络报纸等媒体上了解过的组合是不一致的。

步骤三：这些人物、地点、动作组合在一起，像语句拼凑游戏那样，是一种拼凑。

步骤四：对该梦境中出现的人物、地点、动作，不觉得无凭无据、空穴来风，而是来源于自己曾经所历所见所闻。

步骤五：该梦境中出现的人物、地点、动作，像语句拼凑游戏般地组合在一起。现实中是其他一些家长带毕业生孩子去旅游，梦境中拼凑成自己带女儿去旅游了，因此梦境显得蹊跷怪异。对这种蹊跷怪异，自己能够理解。

2. 梦境由来的自我解析

自己熟悉自己曾经所历所见所闻，因此梦者可以自我解析梦境的内容。但为什么做的梦是噩梦，或是担忧梦，或是遗精梦，而不是别的梦？换句话说，梦境的由来是什么？

梳理一下自己做梦之前或做梦之时的躯体状况、心理状态，梦者对梦境的由来同样可以自我解析。

示例1：王五担心被感染乙肝的梦

王五的梦境：几位老同学见面，其中一两位脸色有些蜡黄，像是乙肝病毒携带者。想起刚才大家还一起聚餐了，便担心自己会不会被感染乙肝。

王五对梦境由来的自我解析：自己多次参加过无偿献血，每一次收到血液检验合格，已用于医院救治患者生命的短信后，都感觉到快乐。一同参加过无偿献血的伙伴们，近期有些由于健康原因，退出了无偿献血群体，梦者担心健康原因，譬如感染上了乙肝，自己将不能参加无偿献血。白天想着不能因为健康因素而无法捐血救人，晚上梦境里就有了被感染乙肝的担心。可谓：日有所思，夜有所梦。

示例2：刘六侃侃而谈的梦

刘六的梦境：十几个人在一起漫谈，其中有一位是副市长。就某个经济现象，大家争论不休时，副市长笑着对我说：还是请你这位经济学博士，来给大家科普一下经济学知识吧。于是，我谈论起经济学的三重作用：前瞻经济发展，指导当下工作，解释经济现象。其中，梦境解释经济现象还是较为简单的，但梦境前瞻经济发展却较为困难。

刘六对梦境由来的自我解析：最近三年，全球经济低迷，老百姓生活不易。今后的几年，经济能否提振，百姓日子能否好转，梦者不免有些担心。白天为今后几年日子能否好转担心，晚上梦境里就有了就经济形势侃侃而谈的场景。可谓：日有所思，夜有所梦。

示例3：孙七的噩梦

孙七的梦境：家父和老伴一起，带着孙子去公园玩。父亲正和孙子玩得起劲，一回头，发现老伴一屁股坐在孙子的童车上，身体倒伏在童车把手上。

孙七对梦境由来的自我解析：家父年事已高，自己总担心老父亲发病后倒伏不起，于是梦境里就出现了有人（老伴）倒伏在童车上的场景。可谓：日有所忧，夜有所梦。

示例 4：赵八的噩梦

赵八的梦境：和母亲相隔数千公里远，想念母亲了，拨打了母亲的手机号码，手机传来"您拨打的电话暂时无法接通，请稍后再拨"的语音。于是非常着急，担心母亲是否安好。

赵八对梦境由来的自我解析：梦境前三天，是母亲的忌日。想念母亲的点点滴滴，自己心情不好，阴沉沉的。于是梦境里就出现了试图与母亲联系的场景。可谓：日有所思，夜有所梦。

3. 梦境内容与由来的自我解析

示例 1：怕冷的梦

梦境：20 多位中年男女同事，准备横渡长江。下水前，遇到陡峭、光滑的石壁和需要跨过的岔口。有勇敢的男同事率先示范，穿上鼓气的上衣，沿着陡峭、光滑的石壁，滑行一段后，飞过岔口，到了岔口对面。江水拍打着岸边，我和其他同事衣服沾上了水，挺冷的。

梦境内容的自我解析：梳理自己曾经所历所见所闻。

前不久的 7 月 16 日，观看了"武汉国际渡江节"电视直播。

知道武汉有冬泳队之类的，要好的朋友、同事十几个、二三十个，相约长江里游泳。

电视上看到陡峭、光滑石壁上，岩羊艰难生存的场景。

电视上看到过，有人利用气垫装备等垫在身下，滑行时能减少对躯体的伤害。

电视上看到过有人从岔口这边荡到岔口那边的场景。

梦前的 7 月 26 日，突然变天，大风大雨，气温陡降，水点打在衣服上，心里凉飕飕的。

一番梳理后，梦境的内容是自己曾经所历所见所闻的拼凑。

梦境由来的自我解析：做梦的那个晚上，梦者开着空调，身上没有搭盖空调被之类的，冻得直哆嗦，便有了怕冷的梦。

示例 2：父亲将母亲从椅子上拉扯起来的梦

梦境：母亲坐在老式椅子上，年龄大了，腿脚不便，起不来。父亲走过去，双手拉扯着母亲。母亲缓缓离开椅子，站起来了。

梦境内容的自我解析：梳理自己曾经所历所见所闻。

自己最近跟骨骨刺，从坐姿到站起来时有些费劲。

自己的三楼邻居，是位 80 岁的胖体形婆婆。每次坐下后，想起来时，都要旁边的婆婆们帮忙，将她拉扯起来。

自己的老父亲和老母亲住在一起，凡事相互有个照应，搭把手、递个东西，是常有的事。

一番梳理后，梦境的内容是自己曾经所历所见所闻的拼凑。

梦境由来的自我解析：中元节将至，近日自己和媳妇念叨着给已经去世的母亲，以及其他亲人烧点纸钱，于是睡眠中就梦到了母亲。可谓：日有所思，夜有所梦。

第七章　心理承受能力

面对挫折与失败，有人一笑而过、从头再来，有人以泪洗面、一蹶不振。

三国时期，曹操屡败屡战、永不言弃，他的乐观、豁达，让众多文臣武将投奔到魏国旗下。周瑜雄姿英发、青年得志，却妒贤嫉能，最终被三气身亡。

一、心理承受能力的概念

有人宰相肚里能撑船，有人小肚鸡肠难容人。人们心胸不同，气量不同，心理承受能力也不同。

所谓心理承受能力，是指一个人面对周遭打击，而不至于心理崩溃的能力。能够承受的打击越大，表明一个人的心理承受能力越强。能够承受的打击越小，表明一个人的心理承受能力越弱。

心理承受能力有三个特点，一是可变性，二是隐匿性，三是可量化。

可变性。一个人的心理承受能力并非一成不变，随着时间的推移，年龄的增长，一个人的心理承受能力也会发生变化。

多数人而言，年龄越大，心理承受能力越强。譬如，小学生时，丢失了 5 元钱，可能会难受好几天。成年后，丢失了 300 元钱，可能只会郁闷一小时左右。

譬如，小学生时，某次考试退步了，可能会伤心好几天。成年后，当年职称晋升没有通过，可能会一笑了之，说上一句"明年再来"安慰自己。

隐匿性。心理承受能力，如同平衡能力、空间想象能力等，需要有合适的机会才能彰显出来。没有合适机会时，一个人的心理承受能力具有一定的隐匿性。

多数时候，学生们行走在平地上，谁也不知道谁的平衡能力超强一些。直到体育课上练习平衡木行走，多数人走着走着，还没到平衡木的另一端，人就掉了下来。只有几位学生不慌不忙，从平衡木这端稳稳当当地走到了另一端，这时，大家才知道这几位学生平衡能力真强。此前，连这几位学生自己也不知道，原来自己的平衡能力这么牛。

多数时候，学生们看到的是书本上的平面图形（二维图形），谁也不知道谁的空间感、谁的空间想象能力超强一些。直到三维绘画时，少数学生很快就领悟到了三维空间里的布局，这时，大家才知道这几位学生的空间想象能力真强。

心理承受能力也一样，多数时候，大家遇到一些小的不顺、小的挫折，就这么挺过来了，谁也不知道谁的心理承受能力更强一些。直到有一天，张三家发生重大变故，遇到近乎毁灭性的打击，张三咬紧牙关，不让眼泪肆意流淌，顽强地挺了过来。这时，大家才知道张三的心理承受能力有多强。此前，连张三自己也不知道，原来自己的心理承受能力可以如此强大。

可量化。心理承受能力不仅可以定性地描述为强大、较强、一般、弱小，而且可以进行量化。

将心理承受能力的上限设置为100分，那么，能够承受深度打击的人，其心理承受能力达到了100分或接近100分（90~100分）。深度打击包括：

至亲陡然间全部遇难；

少年丧母并中年丧妻以及老年丧子；

被人诬陷后身陷囹圄，且不日将离世；

……

能够承受中度打击的人，其心理承受能力在70~89分。中度打击包括：

辛辛苦苦积攒下来的万贯家产，瞬间付诸东流；

折戟官场且身陷囹圄；

……

能够承受轻度打击的人，其心理承受能力勉强及格，量化得分在60~69分。轻度打击包括：

一笔大生意做亏了；

提拔受挫了；

……

只能承受极轻微打击的人，其心理承受能力不及格，量化得分在59分及以下。极轻微打击包括：

和上司或同事或家人争吵了一下；

做了个噩梦；

自己身体有恙；

......

一个人能够承受的周遭打击与半定量的心理承受能力，见表3。

表3 能够承受的周遭打击与半定量的心理承受能力

	能够承受的周遭打击	心理承受能力
深度打击	1. 地震、车祸、疫情等中，至亲全部遇难； 2. 少年丧母并中年丧妻并老年丧子； 3. 被人诬陷后身陷囹圄，且不日将离世； 4. 正值中青年，突然发现罹患恶性肿瘤，即将离世； 5. 婚前遭遇强暴；	90～100 分
中度打击	1. 积攒一辈子的万贯家产，大火、地震等中付诸东流； 2. 折戟官场且身陷囹圄； 3. 某位至亲惨痛离世；	70～89 分
轻度打击	1. 某大单生意亏损； 2. 某次晋升暂缓，或提拔受挫； 3. 某位至亲罹患重病； 4. 子女升学受挫，或子女就业无果；	60～69 分
极轻微打击	1. 和上司或同事或家人争吵了一下； 2. 做了个噩梦； 3. 家人或自己身体有恙； 4. 子女学业不尽如人意，或家有老人长期卧病在床；	59 分及以下

资料来源：笔者对心理承受能力的量化（半定量）

二、心理承受能力与家庭影响

心理承受能力来源于两个方面：一是家庭影响，二是社会历练。

一个人的心理承受能力与他的家庭有较大关系。我们可以看到这样的现象：父母生性豁达，子女多性情开朗；父母锱铢必较，子女往往小肚鸡肠。

不可否认，虽然父母生性豁达，但也有子女性格内敛，虽然父母锱铢必较，但也有子女豪情万丈。

父母对子女心理承受能力的影响，体现在两个方面，一是言传身教的力量，这种力量是巨大的。父母是子女的第一任老师，从小生活在父母身边的子女，模仿和学习的对象就是父母。

譬如，在一些书香门第的家庭，父母淡泊名利、与人为善，经风经雨、笑看人生，子女就会传承这种家风，并在父母日复一日、年复一年的言传身教下，将这种家风发扬光大。很多从书香门第走出来的子女，不但传承了父母良好的心理承受能力，而且将这种能力发扬光大。

父母对子女心理承受能力影响的第二个方面，是遗传的力量，这种力量具有不确定性。

父母对子女的遗传影响，主要体现在躯体方面。基因序列上，子女与父母有着高度的相似性，因此外观上子女或多或少与父母相似。有的子女，不但身高、体形上与父母相似，而且脸部轮廓、眼睛、耳朵、鼻子等标志性外观上，与父母也很是相似。

基因序列上，子女与父母有着高度的相似性，带来的另一个躯体影响，就是遗传性疾病。现有研究表明，高血压、糖尿病、冠心病、器质性精神障碍等躯体性疾病，具有一定的遗传性。

父母对子女的遗传影响，在思维思想方面具有不确定性。我们注意到三个有趣现象：

现象一，父母是普通人，子女是思想大师或时代伟人。譬如，共和国第一代领导集体成员，他们并非出自名门望族、大户人家，他们靠着坚强的信念，历经千难万险，团结带领各族人民，完成了建国大业，成为受到人民敬重和爱戴的政治家、思想家。

现象二，父母是思想大师，子女却平平常常、普普通通。譬如，儒家思想的代表人物孔子，后人中虽不乏一定建树有一定造诣的人物，但和孔子相比，仍相距甚远。

现象三，父母是思想大师或科学家，子女也是思想家或科学大师。譬如，居里夫人和丈夫，是世界知名的物理学家和放射化学家，他们的女儿也很牛气，也是很有影响力很有成就的化学家，一家两代人都获得过诺贝尔奖。

通过这三个有趣现象说明，虽然基因序列上，子女与父母有着高度的相似性，但在思维思想方面，譬如心理承受能力上，父母对子女的影响是不确定的。

三、心理承受能力与社会历练

有这样的现象：父母心理承受能力一般，他们的子女通过学习、工作、生活，渐渐成长为心理承受能力较强的个体。一些出生于普通家庭，最终成为时代伟人的人，他们就拥有超强的心理承受能力。

社会历练可以提升一个人的心理承受能力。这种历练，有三种形式：

一是主动向心理承受能力强大的先辈们、同时代的伟人们学习。这些先辈们、伟人们，外表淡定，内心坚韧。有着九天揽月的志向，有着谈笑一挥间的洒脱，有着数风流人物还看今朝的自信。

他们是如何扛住一般人承受不了的打击，如何应对一般人应对不了的烦心事，如何风轻云淡地面对人生的大喜大悲，都值得我们学习。

二是将自己生活中的阅历进行梳理。"吃了多少苦，就有多少福"，每经历一次坎坷或磨难，个人的境界、个人的心理承受能力就会得到提升。蹚过最难蹚的河，今后要蹚的河就不称其为河了；吃过最苦的苦，今后遇到苦就不称其为苦了；遭过最大孽，今后遭受的孽就不称其为孽了。

三是培养举重若轻的性格，争做举重若轻的人。举重若轻的人，能够坦然面对人生路上的大小打击，能够欣然接受几十年生活中的顺与不顺。

反过来，举轻若重、患得患失的人，心里被挤塞得满满的，心理承受能力弱小。他们多不属于社会底层，书读得不少，前期经历颇顺利，历史上的、现实中的人物起落浮沉的故事，他们知之甚多，他们视胯下之辱后奋发进取的韩信等人为伟丈夫。然而，不大的打击、不大的挫折降临到他们自己身上后，他们所读的书、所懂的道理，瞬间集体沉默，不起作用了。他们太看重自己的名誉声誉，觉得这打击、这挫折摧毁了自己几十年积攒下来的名誉声誉，今后自己将无颜面对街坊邻里、同事同学、家人至亲。

笔者 30 多年的职场生活中，遇到过一些举轻若重的人。一次有失公允的警告处分，一次错误的被批判，一次失手的股市操作，等等，都可能让他们自觉颜面扫地，无法抬头挺胸做人，以至于郁郁寡欢。

旁观者清，当局者迷。当局者处于迷茫中，旁观者的我们往往能明明白白，觉得当局者应该怎样怎样。譬如，应该举重若轻、淡看周遭，应该挺起胸膛、振作起来。一旦自己成了当局者，举重若轻、淡看周遭的超然，挺起胸膛、振作起来的励志，很可能没了踪影。

可见，培养举重若轻的性格，争做举重若轻的人，不是说说而已，需要长期的历练。

说一个人成熟了、长大了，不是指一个人职位提升了，或财富增长了，而是指一个人经过磨砺后，心理承受能力变得强大了。

四、心理承受能力与周遭打击

周遭打击（A）小于一个人的心理承受能力（B），即 A ＜ B 时，这个人可以自己恢复过来，远离打击，摆脱痛苦。

例如：张三的心理承受能力足够强大，B 值在 90～100 分，当他积攒了一辈子的万贯家产，因为地震而付诸东流后，用不着他人安慰，也无须心理咨询师的疏导，张三可以自我恢复过来，摆脱这场灾难和痛苦。

周遭打击（A）大于一个人的心理承受能力（B），即 A ＞ B 时，如果没有得到及时有效的心理干预或药物辅助治疗（C），这个人很可能心理崩溃，出现精神障碍。

例如：美女李四的心理承受能力一般般，B 值在 60～69 分，尚未婚嫁的她遭遇强暴，在没有得到及时有效的心理干预或药物辅助治疗时，美女李四很可能心理崩溃，出现精神障碍。

周遭打击（A）大于一个人的心理承受能力（B），如果有及时有效的心理干预或药物辅助（C），B + C ≥ A 时，这个人就可以摆脱心理阴影，不至于出现精神障碍。

例如：美女李四的心理承受能力一般般，B 值在 60～69 分，尚未婚嫁的她虽然遭遇强暴，但周围朋友伸出援手，给予及时有效的心理干预或药物辅助，美女李四可以慢慢摆脱心理阴影，不至于出现精神障碍。

让更多的人心理健康，让更多的人遇到挫折和打击时，不至于心理崩溃，不至于出现精神障碍，一条途径是个人注重社会历练，尽最大可能将个人的心理承受能力提升到较好的高度。一旦周遭打击来临，个人能够较从容应对。

另一条途径，是及时伸出援手，关注同胞，关爱身边的亲人朋友。不是每一个人都能历练出强大的心理承受能力，任何人都无法做到漫漫人生路上风平浪静。遇到沟沟壑壑、坎坎坷坷，受到不同程度打击，对每个人都是再寻常不过的事情。当亲人朋友，当身边同胞遭遇不幸时，心理咨询师及时有效的疏导、精神科医师的药物辅助固然重要，但身边人伸出援手、感同身受，一句暖心的话，一个温暖的动作，也能帮助当事人慢慢走出阴霾，重拾对生活的信心。

有一个真实的例子。20 世纪 70 年代末，一位黄姓女子高中毕业后，成为一名工人，她踌躇满志规划着未来人生：努力工作，争取成为生产能手；找一位如意郎君，步入婚姻殿堂；生儿育女，相夫教子……她的美好规划在一个凄风冷雨的傍晚，化为乌有，她遭遇了强暴。虽然那位施暴者后来被绳之以法，但被强暴者的人生陡然间改变。她无法接受眼前事实，先是掩面痛哭、米水不进，接着是关闭房门、喃喃自语，最终她被送进了精神科病房，在病房一住就是近四十年。

如果她的心理承受能力足够强大，就能够正视现实，从灾难中走出来：被强暴了固然痛苦，但自己的生命还在；既然无法逃过这一劫难，就降低人生标准，即使一辈子找不到如意郎君，至少可以为父母养老送终……

如果当时有心理咨询师为她及时有效疏导（可惜那时心理咨询在我国还远没有形成气候），相信她很可能会从阴霾中走出来。

如果当时有那么一两位生活阅历丰富、心理承受能力强大的好朋友陪伴她一段时间，陪她唠嗑，与她谈心，帮她疏导，或许她能慢慢重拾生活的信心。

第八章　精神分裂症与睁眼做梦

绝大多数人只在睡眠状态下，闭着眼睛做梦。但也有少数人，睁着眼睛能做梦。

一、肇事肇祸病人和他们的世界

晚上睡觉做梦很正常，白天睡觉做梦也正常。若是大白天或是晚上，一个人睁着眼睛朝你走来，这个人视你为不存在，他（她）活在自己的梦中，喋喋不休，手舞足蹈，你很可能感到恐惧和害怕。

肇事肇祸病人在街头巷尾、村前村后并不鲜见。约80%的肇事肇祸病人，属于重性精神障碍中的精神分裂症患者。

这类病人出现在街头时，可能会手持棍棒、刀具、石块，朝着身边的人或物件，一通打砸。毁物、冲动伤人，这样的场景很恐怖的。

周围人不明白这类病人为啥疯疯癫癫的，为啥那么仇恨身边的人和物件。

这类病人生活在他们自己的世界里，觉得他们自己很正常。在那个世界里，身旁的人在谩骂他们，侮辱他们，准备或正在殴打他们，身旁的物件行将或正要伤害他们，于是，他们正当防卫，对身旁的人或物件来一通打砸。

被送往精神卫生机构救治的这类病人，刚到病区时，照样是手舞足蹈，照样是准备攻击身旁的人和物件，以至于一些医务人员被殴打过。当他们度过病情的急性期，来到巩固期和维持治疗期后，他们的思维就渐渐趋于正常。他们中的一些人，会对医务人员说：我们发病时，又打又闹的，打了你们，骂了你们，你们不计较我们，帮我们治病，你们太好了。

二、精神分裂症

幻觉指在客观现实中并不存在某种事物的情况下，患者却感知到它的存在。幻觉是精神分裂症的常见症状。

最常见的幻觉为幻听，周围没有人说话，患者却听到有说话声。以言语性幻听多见，内容为评论性、争议性、命令性或思想鸣响（患者想到什么，就有一个声音讲出他所想的内容）。

其他类型的幻觉有视幻觉、触幻觉、味幻觉、嗅幻觉、内脏幻觉等。

大众对精神分裂症的理解是：幻觉甚至妄想，有暴力伤人倾向甚至经历。

临床上，精神科医生对精神分裂症的诊断，有着严格的标准。首先，被诊断者并非继发于意识障碍、智能障碍、情感高涨或低落，至少有下列 9 项症状中的 2 项。

（1）反复出现的言语性幻听；

（2）明显的思维松弛、思维破裂、言语不连贯，或思维贫乏或思维内容贫乏；

（3）思想被插入、被撤走、被播散、思维中断，或强制性思维；

（4）被动、被控制，或被洞悉体验；

（5）原发性妄想（妄想知觉，妄想心境）或其他荒谬的妄想；

（6）思维逻辑倒错、病理性象征性思维，或词语新作；

（7）情感倒错，或明显的情感淡漠；

（8）紧张综合征、怪异行为，或愚蠢行为；

（9）明显的意志减退或缺乏。

除此之外，被诊断者还应符合精神分裂症的严重标准——自知力障碍并有社会功能严重受损或无法进行有效交谈，符合精神分裂症的病程标准——至少已持续 1 个月，符合精神分裂症的排除标准——排除器质性精神障碍及精神活性物质和非成瘾物质所致精神障碍。

按照中国精神障碍分类与诊断标准第三版（CCMD-3），根据占主导地位的临床表现分为：偏执型分裂症，青春型分裂症，紧张型分裂症，单纯型分裂症，未定型分裂症。根据疾病所处病期和预后分为：精神分裂症后抑郁，精神分裂症缓解期，精神分裂症残留期，慢性精神分裂症，精神分裂症衰退期。

三、大脑神经细胞从张弛有度到缺乏弹性

动物捕猎或逃生时，体能发挥到了极致，但这种状态只能维持较短时间。更多的时候，动物处于放松状态，譬如悠然漫步，譬如侧卧休息。即使是耗油的发动机，也不可能长时间连续运转，一段

时间后，也需要停机休整，否则可能引发事故。

需要营养支持、有一定寿命的大脑神经细胞，功能发挥一段时间后，同样需要得到静息、休整，为下一次发挥功能做准备。这种张弛有度，能让大脑神经细胞在正常寿命内有效接受刺激、传递信息，完成人体的感觉、知觉、记忆等功能。

如果大脑神经细胞该静息时得不到静息，一直处于紧张状态，处于疲劳之中，久而久之，原本张弛有度、富有弹性的大脑神经细胞，就变得缺乏弹性。缺乏弹性的结果是，需要静息时它静息不好，需要高速运转、发挥功能时，它又无法兴奋起来。缺乏弹性的大脑神经细胞，像尘肺病人那缺乏弹性的肺泡，像被使劲拉扯后缺乏弹性的橡皮筋。

正常情况下，人体一天需要 8 小时左右良好的睡眠。也就是，一天 24 小时中，大脑神经细胞在 16 小时左右内保持适度兴奋、发挥功能，在 8 小时左右内处于静息状态、得以休整。这样一个作息有度的生活节奏下，大脑神经细胞能张弛有度、富有弹性。

如果人体一天的睡眠时间严重不足，并长此以往，将出现：睡眠状态下大脑神经细胞无法得到充分的静息，工作状态下大脑神经细胞疲惫不堪，效率低下；整个人体睡时似醒，醒时似睡，昼夜颠倒，神志恍惚。

四、疲劳的大脑神经细胞

几乎每个人都有过"头天晚上睡得真香，第二天状态真好"的时候，也偶尔有过"头天晚上缺乏睡眠，或睡得很差，第二天昏昏沉沉"的经历。

头天晚上睡得真好、睡得真香,大脑神经细胞得到充分静息。第二天早上人体醒来时,大脑神经细胞能高效率投入运转,于是手脚麻利、动作迅速,眼睛明亮、耳朵灵敏,大脑清晰、思维敏捷,做啥啥顺手。看似很难的事情,这时状态出奇的好,超常发挥,居然也做成了。

头天晚上缺乏睡眠,或睡得很差,大脑神经细胞得不到充分静息。第二天早上人体似醒似睡,大脑神经细胞疲惫运转,于是手脚僵持、动作迟钝,眼睛无神、耳朵失聪,时不时地大脑空白、思维迟缓,做啥啥不顺手,干啥啥不顺利。看似很简单的事情,这时状态低迷,难以正常发挥,居然也做不成。

偶尔的睡眠不足,不至于给大脑神经细胞造成不可逆的伤害。持续性睡眠不足后,超出了大脑神经细胞的自我修复能力,原本张弛有度、富有弹性的大脑神经细胞,变成了缺乏弹性、疲劳的大脑神经细胞。

五、短暂的睁眼做梦

绝大多数人是睡眠状态下做梦,但也有少数人在不是睡眠状态下的白天做梦,而且还是边走路边做梦。

一两天不吃不喝不睡后,有人漫无目的地走动。他们的大脑神经细胞处于疲劳状态,似乎在运转,又似乎在静息。人体似乎在干活,又似乎在休息。这个时候,他们的大脑是混乱的。

一是容易出现幻听幻视。他们听见有人在跟他们说话,跟他们辩论，跟他们吵架，于是乎，他们和他人说着话，和他人辩论，和他人吵架。他们看见蝴蝶在眼前飞舞，看见汽车朝自己驶来，看见前面有条小水沟。于是乎，他们小跑起来、追赶着蝴蝶，他们猛地后退几步以躲避汽车，他们向上跃起、往前大跨一步。

这种自言自语、慷慨激昂，或小跑起来，或猛地后退，又或大跨一步，在旁人看来很不正常。

他们生活在他们的世界（幻听幻视的世界）里，他们觉得他们自己很正常，反倒觉得旁人不正常。

二是容易出现梦境、出现妄想。温和一点的，他们梦见自己或遇见了外国总统，或遇见了心目中的明星偶像，或遇见了曾经和自己有过过节的同事同学，或梦见自己正登台演唱……这些梦境，是他们曾经所历所见所闻的拼凑。

譬如，电视里曾经看见本国元首会见外国总统，梦境中拼凑成了他们会见外国总统；电视上电影上看见过明星偶像，梦境中拼凑成他们遇见了明星偶像；电视上看见过他人登台演唱，梦境中拼凑成他们登台演唱了。

严重时，他们妄想着有人要谋害自己，妄想着有人拿着刀威胁自己，妄想着有人要抢劫自己，于是，他们本能地抓起身旁的木棍挥舞起来，捡起脚边的石头投掷出去。

六、持续性的睁眼做梦

我们周围，有特别会睡、特别能睡的人：倒床就睡；一睡就是大几个小时，不用起来如厕，不用起来喝水；屋外狂风暴雨，窗户被吹得嘎吱作响，他依然口流涎水、呼呼大睡。

我们周围也有睡眠不怎么好的人：择床，换个睡觉的地方就辗转反侧、难以入眠；几乎没有连续睡上 3~5 小时的时候；稍有风吹草动，就醒过来了。

还有睡眠特别糟糕的人：躺在床上，睁着眼睛，就是难以入睡；即便入睡，也是似醒似睡似梦状态，大脑里不是想着这事就是做着那梦。

肚子饿着，口里渴着，那个难受劲，不少人体会过。只要吃饱了，喝足了，很快就不难受了。睡不好觉，难受起来丝毫不亚于肚子饿着、口里渴着。从睡不好觉到睡好觉，远非从饿着到不饿，从渴了到不渴那么简单。

肚子饿着，口里渴着，基本上是一过性的。所谓一过性，就像大风天气时头顶上方的一片云，大风一刮，云就飘走了，不见了。

而睡不好觉，是介于亚健康状态与病态中间的一种状态。"病来如山倒，病去如抽丝"，从睡不好觉到睡好觉，不是一朝一夕能做到的，需要当事人、心理医生或咨询师等共同努力，需要心理疏导、药物治疗等综合手段，需要时间的潜移默化、当事人的耐心。

短暂的一两天睁眼做梦后，当事人若无法得到及时有效的干预（心理疏导、药物治疗等），睁眼做梦的状态持续下去的话，一个月左右过后，当事人便可能发展成精神分裂症。

其一，当事人大脑神经细胞缺乏弹性的状况进一步恶化。大脑神经细胞应有的"昼作夜息"，变成了昼夜"似作似息"。大脑神经细胞"紧张→松弛→紧张→松弛"般的张弛有度，变成了"几乎是弱紧张、少有松弛期"样的缺乏弹性。

其二，当事人夜间睡眠状况进一步糟糕。当事人的大脑神经细胞缺乏弹性，长时间处于弱紧张状态，夜间和白天都难以静息下来。大脑不停地转啊转，想这想那的，眼睛瞅这瞅那的，手指指这指那的，身体左翻滚一下右翻滚一下，嘴巴也不会闲着，偶尔说这说那的……有着这样的表现，当事人夜间的睡眠质量可想而知了。

其三，当事人白天的自控能力进一步退化。夜间没有好好休息，白天就神志恍惚，自控能力低下。当事人的行为举止，白天和夜间相比，差异似乎仅仅是当事人白天站着为主、夜间躺着为主。

白天，动作上，当事人坐没坐相，站没站相，很难连续性剥完一碗豆荚。语言上，当事人很难与旁人有三五分钟符合逻辑的沟通。思维上，当事人很难就某件事情的处理，理出一个从第一步第二步到第三步第四步，循序渐进的理性方案来。

其四，当事人的言行举止与精神分裂症症状越来越吻合。当事人很可能反复出现言语性幻听。身旁空无一人，当事人却感觉到身旁或对面有人在和他言语交流。周围寂静一片，当事人却听见有人在谩骂他，或诽谤他，或指责他，或讽刺他。为此，当事人气愤不已、激动不已。

当事人很可能表现出明显的思维松弛、思维破裂、言语不连贯，或思维贫乏或思维内容贫乏。当事人说话或书写时，单独一句话结构或许完整，可以被理解。但整段话听下来，书写的内容看下来，既没有中心思想，上句与下句之间，上个段落与下个段落之间，没有什么逻辑联系，让他人听起来、看起来一头雾水。譬如：有人问当事人"你叫什么名字啊"，当事人回答"你上课时水流哗哗的响，人民群众都兴高采烈，我眼睛不好，可能是感染了，有几个问题我不懂，我想参加跑步训练，但我手指甲不好"。

当事人很可能表现出思想被插入、被撤走、被播散、思维中断，或强制性思维。当事人或是感觉到某种思想压根就不属于自己，似乎是一种外部力量将某种思想强行塞入自己的大脑。当事人或是体验到，自己大脑中刚刚出现某种思想，自己还没有表达出来，一下子就被人用广播广而告之了，毫无隐私可言。

当事人很可能被控制，或被洞悉体验。当事人或是认为自己的思维、情感、意志、行为等，受到外力的干扰、控制、支配、操纵。或是认为自己内心所想的，尚未经过语言文字表达出来，就被周围人所洞悉。

当事人很可能出现原发性妄想（妄想知觉，妄想心境）或其他荒谬的妄想。譬如，当事人乘火车从外地返回时，突然感到火车站的一切都和自己有关，火车站里的人，他们的一言一行都对自己不利，于是，当事人坚信自己即将受到攻击、受到伤害。譬如，当事人对朋友给予的关心和帮助，突然产生怀疑，认为朋友不怀好意。譬如，当事人突然声称家里人都对他施加压力，存心将他置于死地。

当事人很可能思维逻辑倒错、病理性象征性思维，或词语新作。当事人或是既无前提也无根据，因果倒置，推理离奇古怪、不可理喻。譬如，当事人说"因为我的电脑感染了病毒，所以我活不长了"。当事人或是用一些普通的概念、语句、动作来表示某些特殊的、不经当事人解释别人是无法理解的含义。譬如，当事人只要睁着眼睛，就紧紧地抱住暖气片不松手，旁人问他原因，他回答"暖气片是工人阶级制造的，我决心和剥削阶级家庭划清界限，永远和工人阶级在一起"。当事人或是运用已有的，甚至自创一些符号、图形、文字、语言，赋予特殊的概念。譬如，当事人用"犬"字旁代表狼心狗肺，用"％"代表离婚。

当事人很可能有情感倒错，或明显的情感淡漠。譬如，遇到亲人受伤或去世这类本该悲伤的事情时，当事人手舞足蹈、高兴愉悦。而家里搬迁到宽敞明亮的新居，家庭成员本该兴高采烈时，当事人却痛苦悲伤。譬如，连日暴雨，城市面临外洪内涝压力，周围人都倍感紧张时，当事人却一脸木然、毫不关心。

当事人很可能出现紧张综合征、怪异行为，或愚蠢行为。譬如，当事人双拳紧握、双腿哆嗦。譬如，当事人将他人扔弃的儿童大盖帽戴在头上，站立在十字路口，指挥起交通来。譬如，寒冷的户外，当事人光着上身，口中还念念有词。

当事人很可能出现明显的意志减退或缺乏。当事人或情感低落，总感到自己做不了事。或愉悦感缺失，对周围的一切兴趣索然，觉得干什么都没有意思，以致意志消沉。

七、闭眼与混乱感知觉的消失

临床观察发现，精神分裂症患者服用安定或其他抗精神药物后，经过几个小时、十几个小时闭眼休息，醒来后患者原有的混乱感知觉暂时消失了，暂时回到了正常感知觉。患者醒来几个小时、十几个小时后，若不继续给予患者安定或其他抗精神药物，患者又重新出现混乱感知觉。

精神分裂症的起因，有待继续探索。首次发病的精神分裂症患者，如果能及时送医，急性期、巩固期在精神专科医院或大型综合医院精神科接受系统性治疗，维持期在社区、在家里逐渐减量服药，接受必要的康复性训练，治愈率还是较高的。

较之急腹症、骨折等躯体疾病，精神分裂症有五个特点：①治疗周期较长；②患者服药及接受其他治疗的依从性较差；③治疗周期所需的费用不低；④患者工作、学习、生活等社会功能明显降低；⑤患者家属和本人存在病耻感。这些，对患者对家庭，都是不小的挑战和压力。

一些精神分裂症患者离开医院，回到家庭后，维持期所需要的药物治疗、康复训练基本停止，导致患者病情复发，被迫又一次送往医院治疗。反复的次数多起来后，临床上的治疗越发困难，患者和家属也渐渐失去治愈的信心。

精神分裂症治疗比较艰难，却也简单。说简单，因为一两颗安定，或其他抗精神药物，就可以让患者闭眼休息，让混乱的感知觉暂时消失。

说艰难，体现在持之以恒上。混乱的感知觉，源于患者大脑神经细胞缺乏弹性，该静息时没能静息，该运转时无法高效率运转，因此患者睁眼做梦，生活在他们自己的世界里。药物手段，让患者每天保持 8 个小时左右的有效睡眠，辅助以物理治疗、音乐治疗、园艺治疗等康复手段，患者缺乏弹性的大脑神经细胞，又可以渐渐恢复到一定的弹性。于是，患者渐渐告别睁眼做梦，慢慢做到起居有度，患者便基本康复了。

第九章　心态

　　心态，是一个人心理状态的简称。拥有良好的心态、健康躯体的人，有能力应对生活中的顺利与挫折，平坦与坎坷，以饱满的精神状态，力所能及为人类和社会发展贡献一份力量，为自己的人生画一个圆满句号。

一、心态格局与人生

　　一个人的心态，决定着一个人的格局。一个人的格局，影响着一个人的成就和人生。

　　心态良好的人，有着较大的格局。格局大了，人生之路就宽广了，能够做的事、作出的贡献就大了。

　　心态浮躁的人，格局不会大到哪里。格局小，人生之路就狭窄，能够做的事、作出的贡献就小。

　　心态阴暗的人，格局甚小，如果缺乏约束，这部分人会干出一些有损公众、有损社会的事情来。

　　笔者高中同学杜先生的经历。杜先生的记忆里，很难有父亲的影子。父亲三十多岁就病故了，杜先生和弟弟靠务农的母亲拉扯大。从小家贫，打小就家境不顺，杜先生没有卑微、胆怯，在母亲言传身教下，他心态良好、积极向上。在中小学校，他认真学习、功课良好，课间和同学们有说有笑。放学回家后，他放下书包干家务，洗衣喂猪、烧火做饭，边干边哼着歌曲。高考过后，他被某重点大学录取。大学毕业后，他主动申请去边疆工作，从助理工程师，做到工程师、高级工程师、教授级高级工程师，一路做到厅局级管理干部兼总工程师，为边疆的建设和发展奉献了青春年华，作出了显著贡献。

笔者熟人廖先生的经历。廖先生是一名国企工人，20世纪90年代初，他的一些工友辞职，去广州做生意。三五年过后，有的生意做大了，赚到了不少钱。廖先生心里痒痒的，也向厂里递交了辞职报告，揣上那些年积攒下来的3000多元钱，坐火车直奔广州。看到印刷行业赚钱，廖先生找人合伙开了家小印刷厂，两年过去了，没赚反赔。看到发廊赚钱，廖先生东借西借，盘下了一家小发廊，两年了仍是赔钱。看到餐饮赚钱，廖先生借债，盘下了一家小吃店，两年了还是赔钱。廖先生纳闷了：那么多人在广州做生意都发达了，我咋做一行亏一行呢？廖先生下海前的一位老同事说了一句话：老廖啊，你心态有些浮躁，不能静下心来做事。

笔者小学同学陈先生的经历。陈先生下岗了，在家躺平一年多后，得到一条信息：初中同学林先生大学毕业后在珠海开了家公司，从事电焊机销售和维修。陈先生兴奋起来，东打听西打听，要来了林先生的手机号。陈先生一个电话打到林先生那里，说自己下岗了，来珠海投奔老同学。林先生抹不去面子，答应了陈先生的要求。到了珠海，陈先生一看，林先生的公司连老板加员工也就6人，规模不大，扣除进货成本、房租、水电、人员开销等，所剩无几。到公司一年后，陈先生将大部分客户信息积攒到自己手中。然后找了个场地，到工商部门注册成立了自己的公司。陈先生的公司成立后，挖走了林先生的公司客户，林先生的公司从原来小有盈余，变成了亏损公司。初中同学谈论起林先生和陈先生，都说他俩是一场现实版的"农夫和蛇"，林先生是农夫，陈先生就是那恩将仇报的蛇。又过了六七年，陈先生的公司倒闭了，原因是公司销售伪劣电焊机，伪劣电焊机造成用户电烧伤后手臂残废，陈先生的公司输了官司，赔付了一大笔钱，输掉了客户和人气，最后只得关门停业。

二、心态与睡眠

将人群分类，有心态好的人，有心态浮躁甚至心态阴暗的人。即使是心态好的人，也偶有心态失衡的时候；即便是心态浮躁的人，也偶有心态良好的短暂时刻。

心态影响睡眠。心态好的人，顺应天时，合乎规律，该工作时工作，该学习时学习，该休息时休息，因此睡眠质量一般都比较好。心态浮躁的人，眼高手低，想名想利却又不愿意脚踏实地，投机取巧不成功的话，便心生怒气，因此睡眠质量都不怎么样。

心态好的时候，内心宁静，不狂不躁，到了休息时候，容易入睡，睡眠质量一般都比较好。心态浮躁的时候，内心翻江倒海，五味杂陈，到了休息的时候，难以入睡，睡眠质量都不怎么样。

睡眠也会影响到心态。睡眠好的话，起床后神清气爽、劲头十足，看人看物、做事干活的心态就好。

翻来覆去、睡眠不好的话，起床后昏头昏脑、无精打采，看人看物、做事干活的心态就好不到哪里。睡眠不好的时候，容易梦境连连，梦境内容怪异蹊跷，当事人不能正确地自我解析梦境的话，醒来后会加重心理负担，白天看人看物、做事干活的心态就不会好。

笔者高中时期的一段经历。高二开始文理分科，每学期有期中和期末两次大考，理科生要考语文、数学、政治、英语、物理、化学、生物七门。高二上学期的期中考试，第一门是语文，老师收卷后，我感觉成绩不理想，中午吃饭不香，饭后一直纠结于语文试卷中的错误地方，没心思复习备考下一门数学，中午午休就没合上过眼。下午的数学考试也不理想，晚饭不香，饭后的晚自习纠结于当天下午数学试卷和上午语文试卷中的错误，没心思复习备考第二天的科目，下晚自习回集体宿舍后，在床上翻来覆去，很难入睡。第二天的科目考试更不理想，这种考试状态、睡眠效果一直持续三天。期中考试结果出来了，该丢分的丢分了，不该丢分的一些地方也丢分了，我的单科得分都不好。

进入高三后，在老师和好友们的帮助下，我采纳了一些考试技巧，调整了考试心态。高三上学期期中考试中，考完一门后就暂时不去想这一门，抓住复习时间，迎战下一门考试。如此一来，吃饭正常了，睡觉安稳了，越临近最后一门考试，我感觉越轻松，越有信心。考试结果出来了，该抓的分抓住了，看似有难度的题目，超常发挥居然也做出来了，抓到分了，单科得分和七门综合得分都取得了不错的成绩。

三、个体心态与社会心态

对个体而言，心态是每个人的主人。很大程度上，心态决定了每个人的人生。有十句话，对培养积极向上、乐观豁达的个体心态会有帮助。

生气不如争气。人生路上，有顺境有逆境，有巅峰有谷底。因为顺境或巅峰而趾高气扬、目空一切，因为逆境或谷底而垂头丧气、破罐破摔，都不可取。

逆境或谷底，或咎由自取，或他人打压，或兼而有之，不管什么原因，都犯不着生气。有生气的时间和劲头，不如静下心来反思，反思过后，重整行装再出发。

因为他人打压而出现的逆境或谷底，更没有必要去生气，否则就是用他人的不义或错误来惩罚自己。

成功需要自信。自信是一种态度、一种动力。未战先怯，是不可能取胜的。许多人之所以失败，不是因为能力不足，而是缘于不够自信。不自信的时候难以做好事情，做不好事情又加剧了不自信，形成恶性循环。

心动还要行动。行动了不一定会成功，但不行动一定不会成功。生活不会因为你想什么而给予你什么，也不会因为你知道什么而给予你什么，而是因为你去做了什么才可能让你得到什么。一个人的成功只可能在行动后实现，躺在床上的黄粱美梦只会是一场空。

平常心不可少。没有一个人是一帆风顺的，有开心，有失落。每个人都可能取得或大或小的成功，但成功前会面临诸多失败。如果把起起落落看得太重，就不能坦然面对生活的每一天，就难有欢歌笑语。人生有目标有追求，暂时得不到时，依然要有一颗平常心，开开心心过好每一天。

学会适时放弃。苦苦挽留夕阳的人是傻子，久久伤感春光的人是蠢人。什么都不愿舍弃，往往失去更加珍贵的东西。什么都想得到，得到的往往更少。

每个人的先天禀赋、内在潜力和外部条件不一样，张三能成功不一定意味着李四、王五也能成功。适时放弃是一种智慧，它会让你清醒地审视先天禀赋、内在潜力和外部条件，会让你疲惫的身心得到调整，做一个明智的人、快乐的人。

宽容是种美德。退一步海阔天空，宽容是一种美德，而不是胆怯，宽容之心的人能得到尊重。宽容是一剂良药，有时它能挽救被宽容者的灵魂。宽容是一盏明灯，能在黑暗中放射光芒，照亮周围人的心灵。

给心灵松松绑。人的心灵是脆弱的，即使是那些硬汉子、铁娘子形象的人，也有心灵脆弱的时候。常常自我激励，不时自我表扬，会让心灵快乐无比。

给自己的心灵营造一个温馨的小屋，隔三岔五走进这小屋，为忙碌疲惫的心灵做做按摩，让心灵的零件得到维护和保养。

挫折不是失败。人的一生，会遭受诸多挫折。面对挫折，不同的人会有不同的心态。有的人，总是把挫折当作失败，每次挫折都狠狠地打击他取胜的勇气。有的人从不言败，在一次次挫折后，总是给自己鼓劲提气："我不是失败了，只是还没有成功。天时地利人和，只是某个因素暂不具备而已。"

及时清理烦恼。终日烦恼的人，实际上并不是遭遇了太多或太大的不幸，而是根源于他的内心世界。为此，当烦恼降临时，我们不要怨天尤人，更不要自暴自弃，而是及时清理烦恼，调整心理状态，避免将烦恼变成心病。

晓明同学大学一年级上学期期末考试，有一门功课 58 分，挂科了。考试结束后，就是寒假，回家和家人团圆。第一个学期就有挂科，又出现在春节前，算得上烦心事了。整个春节，晓明同学只字未提挂科事情，和父母有说有笑，微笑地鼓励正在备战高考的弟弟，自己呢，抽出时间看书做题。春节结束了，晓明返校了，参加挂科课程的补考，取得了不错的成绩。大学后三年半时间，晓明找到了大学的学习节奏，熟悉了不同于高中的学习方法，课程成绩优异，被保送攻读本校硕士研究生。

享受身边快乐。快乐是一种自我感觉，细细观察春天的鲜花、夏天的绿荫、秋天的野果、冬天的飞雪，学会欣赏也是一种快乐。快乐就在我们身边，一次真诚的微笑，一次久别后的拥抱，一次倾心的交流，都是一件快乐无比的事情。

个体心态的叠加，形成了社会心态。社会心态，又会影响着个体心态。

当多数公民心态阳光、与人为善、宽容包容、积极向上时，社会就扬善抑恶、公平公正。当多数公民斤斤计较、以邻为壑、事不关己高高挂起时，社会就死气沉沉、难见希望。

反过来，当社会公平公正、鼓励创新、宽容失败、扶贫济困时，多数公民就邻里守望、乐善好施、勤奋工作、创造创新。当恶人当道、善者受欺、笑贫不笑娼时，多数公民就心灰意懒、得过且过。

阳光的个体心态，向上的社会心态，不是一朝一夕形成的。形成过程中，公众人物的引领、各种媒体的引导，起着至关重要的作用。

四、可调整的心态

每个人的心态，都不是一成不变的。我们身边就有一些人，原本气量狭小、心胸狭窄，渐渐变得气量非凡、心胸宽广起来。

所处环境的改变，挫折与不顺的降临，旅游途中人文知识的加持，与不同人群的交往等等，都可能触动人的心灵，让个体的心态渐渐阳光。而睡眠的困扰、疾病的无奈等，可能让个体的心态变得不安、急躁。

环境的改变。从小地方到大地方，从信息闭塞地方到信息开放地方，人的视野开阔后，境界和心态也会随之改变。

譬如，原本只想做个好的教书先生或好的郎中，为启迪乡村少年儿童的心智或守护父老乡亲的健康作些贡献，从乡村走向中心城市后，渐渐觉得要为整个民族的振兴、国家的强大贡献力量。

譬如，原本觉得"老婆孩子热炕头"就心满意足了，从信息闭塞地方来到信息开放的国际大都市后，渐渐觉得人生的追求不仅仅只有物质层面，更应有精神层面和自我实现层面。

挫折与不顺。年少容易轻狂，太顺容易目空一切。成长过程中，遭遇挫折和不顺后，静下心来反思一番，渐渐地少了一些轻狂，多了一分稳重，渐渐地不再目空一切，而是对周围多了一些敬畏与仰视。

譬如，初中阶段，小林同学成绩优异、全面发展，各种奖状、奖杯拿了一大摞，自我感觉很好。初中毕业，经过考试选拔，进入省级示范高中后，第一次期中考试，小林同学成了班上的后三名，挫败感油然而生。冷静下来后，小林同学明白了什么叫"人外有人，天外有天"，将过去的荣誉清零，从头开始，找准高中阶段学习方法，虚心向班上优秀同学请教。心态改变了，小林的成绩也渐渐上来了。

旅游与人文。旅游途中，欣赏大自然，感悟生命力，触发对事对人的重新思考，增长一些书本上没有的历史和人文知识。

譬如，在知名山岳的旅游途中，看到 60 岁左右的挑山工，极其艰难地将一瓶瓶矿泉水从山脚挑到山顶，往返一趟 4 个多小时，到手的钱 50~100 元，积攒下来，帮衬儿女，养家糊口。知情后的游客会加深对"父爱如山"的理解，会倍感生活的不易，会珍惜和热爱自己的工作岗位。

交往的人群。听君一席话，胜读十年书。有机会的话，聆听一下大师级学者们的报告，他们几十年的学术研究成果、人生领悟感悟，浓缩在 30 分钟左右的精彩演讲中。认真去听，细细去品，能帮助听者调整心态，对标前行。

笔者有幸聆听一位教育界大咖的报告，这位大咖对"仁者乐山，智者乐水"进行了诠释：①该文言文出自《论语·雍也篇》，全句为"仁者寿，知者乐；仁者静，知者勤；仁者乐山，知者乐水"。意思是，仁爱的人，就像山一样守着一方土地，守着仁爱的信念，千年不变，万世如一，所以仁者喜欢山，常常隐居山中。聪明的人，不墨守成规，懂得变化，因时而变，因势而变，像无形的水一样，放在什么容器里就是什么样子，水还能成冰，成气，成雪，成霜，成露。水无定形，千变万化，跟智者随机应变是一致的，所以智者喜欢水，喜欢伴水而居。②有山就有山峰和山谷，山谷空灵，包容万物，山峰屹立，万年不倒。仁者宽容包容，坚守仁爱信念，所以仁者喜欢山。水无定形，千变万化，大江大河，深不见底。智者探究自然，越是玄奥越是喜欢，所以智者喜欢水。

糟糕的睡眠。好的睡眠，让人醒来后精神抖擞，心态平和。糟糕的睡眠，人醒来后无精打采，心烦意乱，容易心态失衡。十天半个月，甚至更长时间的失眠后，原本良好的心态可能出现扭曲：原来的宽容变成了后来的易怒，原来的积极向上变成了后来的得过且过，原来的助人为乐变成了后来的但求自保。

小易是名大三学生。大学一、二年级时，小易待人宽厚，乐于助人，积极向上。大三那年，小易患上了失眠症，晚上的睡眠很是糟糕，连续睡眠时间没有超过两个小时的。这样的日子持续两个月后，小易脸色失去了原来的红润，上课无精打采，不愿意搭理同学，偶尔说上几句，就容易动怒，功课和学业一落千丈，大一大二时期作为成绩优等生的小易，变成了班上成绩拖后的学生。在同学和老师的关心下，小易到医院接受了检查和治疗，半年后，小易的失眠症治愈了，小易的心态也重回到阳光向上了。

缠身的疾病。人吃五谷杂粮，没有谁躲得过疾病。不管得的是哪种病，身体都不好受，只是难受的程度、持续时间不同。身体不好受，就难有好心情，心态也会发生改变。

牙疼不是病，疼起来要人命。看起来不会丢命的牙齿疼痛，当事人就够难受的了。牙疼的人，白天吃不好，晚上睡不好，以前温文尔雅、宽容有加的人，现在难有耐心，对人对事容易刻薄起来。

患上尿毒症、肝硬化等疾病的人，会重新审视自己的职业规划、人生规划，心态上不知不觉会发生改变。多数人渐渐变得保命第一，缺乏锐气。也有少数人，知道自己时日不多后，更加争分夺秒，在有限的时间内完成手头的收尾工作，令周围人肃然起敬。

一份乌龙的乙肝病毒检验报告，就可以让一个人的心态瞬间崩溃。孙先生大学毕业、工作两年后，参加公司组织的体检，体检结果显示孙先生是乙肝病毒携带者。接到报告单，孙先生顿时木然，半个多小时后才缓过神来。对医学常识略有所知的孙先生知道，乙肝继续发展的话是肝硬化，肝硬化继续发展的话是肝癌，目前对于肝癌治疗手段有限，大概率是走向死亡。一想到这些，孙先生万念俱灰，从景德镇出差带回来的茶具被他扔进了垃圾桶，刚结交的女朋友被他一通电话分手了。一周后，公司组织复查，孙先生不是乙肝病毒携带者。喜极而泣的孙先生赶紧电话联系刚刚分手不久的女朋友，两人又和好如初。

五、被动调整心态

人在屋檐下，不得不低头。多数情况下，心态的调整是一种被动调整，一些特别的事情发生后，倒逼当事人调整自己的心态。

一些人跌倒后，审视自己，从自身找原因，重新站了起来，原来心胸狭小、不够阳光的心态，渐渐变得心胸开阔、心态阳光起来。

也有少数人跌倒后，不从自身找原因，而是归结于他人，因此窝着一肚子的火，白天左思右想，晚上辗转难眠。有限的睡眠中梦境连连，梦境内容蹊跷怪异，当事人不能正确解析梦境的话，很容易曲解梦境，误解梦境，进一步将跌倒的原因归结于他人，于是心态上渐渐阴暗、尖刻，甚至出现想报复他人的心态。

1. 跌倒后爬起

吃一堑长一智，多数人能够从挫折中进行反思，反思后积极调整，改变心态，扩大胸怀，找准方法，慢慢爬了起来。

心胸狭窄的变得宽容大度。小刘开办了一家小公司，有5名员工。公司成立伊始，小刘忙前忙后，要求员工也甚是严格。孩子家长会，员工申请调休半天，小刘不予准假。家里老人突发疾病，员工申请调休一天，小刘没有同意。渐渐地，员工出工不出力，人在公司心不在，一年后，公司难以为继，被迫关门。员工被遣散了，小刘的老板身份也不存在了。小刘成了无业者，在家里反思了两个多月，渐渐意识到自己的问题，主要是心胸狭窄，对员工太苛刻，员工遇到急难愁盼事情时，自己没能设身处地想一想，寒了员工的心，无法让员工发挥聪明才智来发展公司、壮大公司。想明白了，心态调整了，小刘重新开办了一家小公司，他渐渐变得宽容大度，注重关心员工，调动员工的主动性，激发员工的潜能，让员工感觉到自己的前途与公司的前途息息相关。这次创业，小刘的公司从小到大，员工从3名增加到200多名，公司呈现蒸蒸日上的发展态势。

追逐名利的变得随遇而安。童先生是位技术精湛、服务热情的骨科专家，担任医院骨科病房的主任。看到大学同学张三担任了某某医院的业务院长，李四担任了某某医院的院长，童先生的心态有了微妙变化，开始滋生出名利想法、风光念头。下班后，童先生开始参加这饭局那饭局，广交朋友，拓展人脉。两年后，童先生被提拔担任了医院业务院长。又过了两年，童先生成了医院院长。童先生的名字和照片频频见诸本地媒体，童先生有些飘飘然，很享受这种出人头地、风风光光的感觉。担任院长一年时间不到，因为一项决策失误，给医院造成了较大损失，童先生被罢免了院长职务。重新回到骨科病房后，童先生冷静思考了一段时间，渐渐领悟到所谓的风光都是过眼云烟，争去争来一场空，与其这样，不如遵从内心，发挥自己的长处，踏踏实实做好自己的专业，造福多一些的病人。离开院长职位后，童先生的骨科技术越做越好、越做越精，三年后，当地媒体发动病人和家属投票，童先生光荣被推选为"最满意的医生"。

看重成功的变得享受过程。大学毕业后，张先生就职于一家研究机构。入职不久，张先生就暗下决心：45 岁前成为这家机构的负责人，并以此作为自己事业成功的目标。30 岁时，助理研究员的张先生担任了这家机构的办公室主任。40 岁时，副研究员的张先生被提拔为这家机构的副职领导。张先生 44 岁时，这家机构的负责人到龄退休，张先生心里想着：坛子里捉乌龟——十拿九稳，机构负责人这次大概率是我了。上级部门在听取民意、了解情况后，宣布了这家研究机构新的负责人。新的负责人不是张先生，而是来自另一家研究机构的负责人，一位年仅 40 岁的研究员。张先生觉得自己再无机会担任机构负责人了，自己的事业目标无法实现了，于是像泄了气的皮球，无精打采，工作乏力。这样的日子持续了半年多，张先生自己都觉得不能再这样了。于是，张先生重整行装再出发，认认真真做好每一件事，开开心心享受每一个细小的成功。张先生的妻子说：我家先生现在完全变了一个人呢，我更喜欢我先生现在这个样子。

喜欢台上的变得安享台下。多年来黄女士习惯了中心位，台上发言、台上表演是她的寻常事情。成绩好、嗓音亮的她，初中、高中、大学时期一直担任班长。工作短短 6 年后，她就成了单位副职领导。做演讲、做报告是她的强项，她也很享受在台上的感觉。45 岁那年她声带息肉，嗓音一下子嘶哑了。手术过后，嗓音有所回升，却再也没有了原来那份清亮。黄女士引以为豪的嗓音没有了，台上发言、台上表演的机会也没有了。陡然间，黄女士很不适应。过了几个月，黄女士渐渐接受了现实，也想明白了：台上的日子固然风光，台下的日子也不错的。在台下，可以静静欣赏台上人的精彩报告或表演，其中哪些轻重发音比我之前拿捏得到位，哪些语速快慢比我掌控得更好，哪些表情还不够到位、可以改进。黄女士发现：心态调整后，台下听报告、看表演，也是很好的享受。

2. 一蹶不振

也有少数人，遭遇挫折后怨天怨地怨周围人，就是不怨自己。认为自己很给力了，只是天不给力、地不给力、周围人不给力，于是心烦意乱，于是睡不好觉。睡不好觉，容易胡乱做梦。胡乱做梦后，又在意梦境、曲解梦境，于是更加心烦意躁，更加怨天怨地怨周围人，心态上随之渐渐出现阴暗等变化。

老叶曾经是一家小型五金工厂的厂长，风风光光的日子过了十几年。1998 年这家工厂资不抵债，宣告破产。高不成低不就的老叶，一时半会儿找不到新的工作，便回家专职干家务。回家后的老叶，倍感落差太大，将一肚子怨气撒向周围人，觉得周围人对他不好，在看他老叶的笑话。往私家车前窗玻璃上抛垃圾，将拖把上的脏水滴在楼下晾晒着的床单被套上，用燃烧的烟头将街坊们晾晒的衣服烧个小洞，将猫狗的粪便撒在街坊们进出的路上，老叶干着这些损事，自以为神不知鬼不觉，于是暗暗窃喜。实际上，街坊们渐渐发现了这些损事，都是他老叶干的。街坊们觉得：碰到了心态阴暗、大法不犯、小事不断的老叶，犯不着和他一般见识，犯不着和他拼命，吃点小亏、自认倒霉算了。

六、主动调整心态

有些人树立终身学习思想，注重修身养性，善于从他人身上学习优点，从他人遭受的挫折中吸取教训，主动调整心态，让心胸逐渐变得开阔，让站位逐渐变得高大，对得失逐渐看得淡定，对成败逐渐看得从容。

与人为善。做一件好事不难，难的是一辈子做好事做善事。善良的人富有同情心和爱心，愿意从点滴着手帮助他人。在公交车、地铁、轻轨上，他们会主动为老弱病残孕让座。在早餐店，他们会将用过的一次性碗筷、餐巾纸收拾好，倒进角落的垃圾桶内。过马路时，看见蹒跚的老人，他们会上前搀扶。在医院门诊，他们会帮怀抱患儿的爸妈掀开门帘。在老旧小区，他们会手拿扫把，义务清扫楼梯。在为灾区募捐的捐款箱前，他们力所能及地捐款献爱心。在无偿献血点，他们会挽臂献血，帮助医院里急需血液救命的病人。

学会宽容。宽容是一种涵养，一种境界，一种心态。有宽容心态的人明白一个道理：人都有犯错的时候，人都有力所不及的时候，人都有情绪不好的时候。于是，他们"能容人处且容人"。面对无端指责带来的委屈，他们宽容指责者没有整清楚、弄明白，相信指责者整清楚、弄明白后，就不会无端指责了。面对团队成员能力不足导致的失败，他们相信团队成员已经尽心尽力了，只是能力欠缺、经验欠缺而已。面对领导的暴躁与怒火，他们相信领导也是人，也有情绪不好的时候，于是他们宽容领导的失态。

严于律己。冬练三九夏练三伏的人，能锻炼出一副好身体。遵规守纪的人，日复一日、年复一年下来，能有不一样的收获。

孙先生是一家三级甲等综合医院的检验科主任，平时对自己严格要求，不吃试剂供应商一餐饭，不抽试剂供应商一根烟，更不接受试剂供应商给予的任何钱财和物质好处。前几年一次巡查中，同城其他几家三级甲等综合医院的检验科主任被查处，有的锒铛入狱，有的受到党纪和行政处分。堂堂正正、坦坦荡荡的孙先生，继续工作在检验科主任岗位上。孙先生说：钱财要来得干干净净，不是自己的坚决不能要。

雷先生是一家国企的办公室主任，他知道学历较低、文字功底欠佳是自己的一个短板。从履职办公室主任第一天起，他就给自己定下了两条规矩：一是好记性不如烂笔头，将重要节点、重要事情适时记录下来。二是每天挤出 1~2 小时，用于读书或练笔。三十几年下来，他的工作日记成了单位大事记的辅助资料，他的随笔刊载在市级媒体、省级媒体直至国家级媒体，雷先生也进步成为这家国企的总经理。

热爱生活。热爱身边一花一草一木，乐于伸出援手帮助同事邻里的人，是热爱生活的人。他们感念大自然的神奇与伟大，欣赏五彩斑斓的山水林草沙。他们感谢健康的眷顾，让他们拥有一双观察的双眼，可以看天看地看人间，拥有一副敏锐的双耳，可以静闻蝉鸣鸟叫听曲听歌。

热爱生活的人，喝口水是享受，呼吸一次新鲜空气是愉悦。工作起来是快乐，下班后做家务也会哼哼歌。

四十多岁的庞姐是一家生鲜超市的工作人员，她的工作是帮顾客剖鱼。这是一件鱼血四溅且容易伤手的体力活儿，庞姐干起来从不惜力，且乐呵呵的。庞姐动作麻利，剖鱼又快又好，一两分钟时间，一条鱼在她手中就完成了去鳞、去鳃、开背（开肚）、去内脏，变成了顾客需要的条状或小块状鱼。在这家超市，和庞姐一起剖鱼的同事，干不了两三年就辞工走人，只有庞姐一直乐呵呵地坚守着。庞姐现在的月薪在 3000 元左右，薪水不高，但活儿不少、活儿不轻松。庞姐珍惜这份相对稳定的工作，它是一家老小生活开销的一个来源。庞姐也热爱这份工作，能把顾客服务好，让顾客一个个心满意足离开，庞姐很开心。

享受过程。享受过程的人，就不太担心结果的有无、结果的好坏，能以一颗平常的心，自始至终、心情愉悦地完成每一件事情。

来自四川广安的王师傅在武汉老城区开了间小小的修理铺，补鞋修伞配钥匙。到过王师傅那里的顾客，普遍感觉到王师傅那里性价比高。上午你让王师傅帮你换个鞋跟，晚上下班去拿鞋时发现，王师傅不仅换好了鞋跟，而且将鞋帮脱线的地方也细细地缝补好了。你让王师傅将鞋帮鞋底脱胶的地方上个胶，拿到鞋后你发现，王师傅不仅将脱胶处胶好，而且还上了线，鞋子更结实更耐穿。王师傅主动增加的这些修补活儿，他从不向顾客收取费用。王师傅总是一脸笑容，享受着自己从事的修修补补活儿。看到一只只或掉跟或脱线或损底的鞋子，经过自己的打磨、上胶、上线，变成了一只只完好的鞋子，王师傅便有了成就感和愉悦感。王师傅经营这家修理铺，已经有20多年，当年的小王师傅渐渐成了老王师傅，王师傅的一双儿女也都完成了大学学业，找到了各自比较满意的工作。

小杨是位高二学生，喜欢观察生活。从初中开始，老师布置的作文，小杨都能按照出题要求，结合自己对生活的观察，有感而发且一气呵成。小杨的作文，每每被老师评为优秀等次，在全班甚至年级交流。小杨将老师阅改后发还给自己的篇篇作文，按时间顺序整理在一起，从初中到高二，有百余篇之多。高二语文老师看到小杨同学整理、收藏的这些作文，说道：你的这些作文，合订在一起，就是一本作文集了，小杨同学你是有心人，坚持下去，日后一定不简单。

珍惜时光。正常情况下，属于每个人的时光只有80年左右。从步入职场到60岁左右退休，工作的时间不足40年。这不足40年的时间，休息、睡眠占去了约三分之一，留下来能做事的时间并不多。时间一去不回头，寸金难买寸光阴。对每个人，时间都是极其宝贵的，值得倍加珍惜。

远离一些容易成瘾的生活习惯和方式。这些习惯和方式浪费宝贵的时间，让人丧失进取心和工作意志，譬如网络游戏、打麻将等。

不少城市，有着一间间张贴着棋牌室名号的麻将屋。进出麻将屋的，多是45～70岁的男男女女，以男性居多。他们有着一份衣食无忧的内退工资或退休工资收入，无须侍奉老人，也不用接送孙子孙女放学上学。从当天中午12点到次日清晨六七点，一天24小时中，他们有十八九个小时泡在麻将屋里。长期待在烟雾缭绕的密闭空间，缺乏基本的室外锻炼，他们的身体健康每况愈下。除了麻将就是麻将，他们不愿关心家务，更不愿意重新就业，他们的日子和时间在麻将声中一点点消逝。

对成年人，麻将容易上瘾，对青少年，网络游戏更容易成瘾。为此，一些精神卫生机构设立了成瘾戒断病房，帮助网络游戏、酒精、新型毒品等在内的成瘾人群，逐步摆脱成瘾困扰。小赵是名初三学生，从初二开始，小赵渐渐迷恋上了网络游戏，除了网络游戏，进食、睡眠等小赵都提不起兴趣，更别提功课学习了。初二那年，原本学习成绩优等生的小赵，功课成绩一落千丈。小赵的家人为他办理了休学手续，将他送到成瘾病房，接受了三个月的系统治疗。出院后，小赵逐渐回归正常轨迹，重返校园，重拾书本，功课成绩又一点点提升起来了。

张弛有度。一把弓箭，不可能长期处于紧绷状态，时间长了，弓箭的弦会崩断。人也一样，不可能长期处于紧张的工作状态，而是有张有弛，有工作有休息，有紧张有放松。休息是为了更好地工作，放松是为了能够更加有效的紧张。

有位名人说过：不会休息的人就不会工作。周恩来同志为了中华民族的自强自立和中国人民的幸福，鞠躬尽瘁、一生操劳。凌晨一两点才能暂时放下手头工作、上床休息，半夜从电话声中醒来，赶紧披衣处理公务，对敬爱的周总理来说，寻常得不能再寻常。如此高强度工作下，周恩来同志利用点滴时间，让自己得到暂时的休息和放松。譬如，去机场准备迎接外宾前，他会在去机场的路上，在车里短暂打个盹儿，疲惫的身心便得到了些许放松。

闪先生是一位在专业领域颇有建树的专家，年过 80 岁的他仍每天坚持工作 8 个小时以上。闪先生年轻时，喜欢学习，成绩优异，同时也热爱体育，达到过国家等级运动员标准。中年时期的闪先生，已是著作等身，培养出来的硕士、博士有三十多位，那么忙的情况下，闪先生每天都要到健身房锻炼一个小时左右。过了70岁，闪先生依旧在专业领域耕耘，依旧每天坚持锻炼，不同的是，换成了在家里的健身器材上锻炼一个小时左右。闪先生说：每天锻炼的时间，是我身心最放松的时候。

修身齐家。修身齐家治国平天下，是历代仁人志士的人生理想和政治抱负，它出自《礼记·大学》"心正而后身修，身修而后家齐，家齐而后国治，国治而后天下平"。历朝历代，只有极少数人能达成治国平天下的政治抱负。对多数人而言，修身齐家的目标更现实更容易达成。

修身齐家，是指加强自身修养，治理好家政。心正是修身的前提，正念分明后，努力在待人处事各个方面做到真诚，努力斩断恶的念头和行为，坚持善的念头，多行善事，久而久之，个人的修养就起来了。修身又是齐家的前提，个人修养好的人，以德服众，严于律己，宽以待人，将几口、十几口人的家庭事务打理得井然有序。一个自身修养很糟糕的人，一个连自己都管理不好的人，是不可能治理好几口、十几口人的家政。

傅雷先生和夫人朱梅馥女士，在修身齐家方面不遗余力。傅雷先生是我国著名的翻译家、文艺评论家，一生译著宏富，译作达34部。对国家充满了无限的爱，他为人坦荡、秉性刚毅，对待工作严谨认真、一丝不苟，对两个儿子的教育苦心孤诣、呕心沥血。夫人朱梅馥对两个儿子傅聪、傅敏因材施教，她的教育思想在孩子身上得到了成功。傅聪刻苦用功，先做人、后成"家"，生活有条有理，热爱音乐，是一位热爱祖国、德艺双馨、人格卓越的钢琴大师。傅敏正直善良，勤勤恳恳，不因有父亲和哥哥的光环而骄傲，他是一位英语特级教师。《傅雷家书》就是傅雷先生和夫人 1954—1966 年间，写给孩子傅聪、傅敏的家信摘编，是子女教育、素质教育的经典范本，是充满着父爱母爱的教子名篇，也是一本优秀的青年思想修养读物。

笔者在一家早餐店遇到过一对母女。妈妈四十岁上下，女儿十岁左右。用过早餐后，这位妈妈和女儿一道，将用过的一次性餐具收拾好，放入垃圾桶内，将使用过的桌面收拾得干干净净，最后将椅子整齐归位。这位妈妈边收拾边和女儿交流，告诉女儿出门在外多做善事、多做好事，给腿脚不利索的老人搭把手，为怀抱孩子的大人侧个身、让个路。有这样的妈妈，教育出来的女儿也会是处处行善、受人欢迎的好公民。

七、淡看风起云落

地球存在了 46 亿年之久，地球有诞生的那一天，也会有消亡的那一天。人类在地球上存在了 300 万年左右，人类有出现的那一天，也会有消亡的那一天。目前的医学水平下，人类最长寿者在 130 岁左右，属于每一个人的时间很难超过 47450 天。淡看风起云落，珍惜眼前拥有，开心生活，积极工作，主动创造，一个人就可以活出无怨无悔的生活。

富有与贫穷。富有与贫穷，是一定时期、一定区域相对而言的。家里有套 60 平方米住房，拥有一部电话、一辆自行车，还有几千元存款，在 20 世纪 80 年代的中国县城，算得上富有阶层。同样的财富状况，在 21 世纪 20 年代的中国县城，近乎是贫穷阶层。

生活富有、衣食无忧，能够为人们学习和工作提供良好的物质保障。吃得饱、穿得暖，学习工作才能做得好。在足球、十项全能等体能要求较高的竞技项目上，中国眼下还难以跻身世界前列，有营养学者对此的解释是：吃米饭的跑不赢吃牛肉的。

生活中总会有些怪异事情，极少数吃喝嫖赌、五毒俱全的人，常常衣着光鲜、人模人样。可见，富有的生活，如同江河中的船只，能托起凡人，也能颠覆得意忘形的人。

身处困难时期，或出生在穷苦人家，就得面对贫穷的环境。吃的是五谷杂粮，喝的是青菜萝卜汤，一年四季身上难换装。面对贫穷，有穷不失志的勇士，如散文学家朱自清先生，宁肯饿死也不吃美国的救济粮。有穷则思变的积极进取者，如日后成为教授、知名学者的山区莘莘学子。有深深品味贫穷背后的丝丝甘甜，一旦掌乾坤、主沉浮后，甘为劳苦大众当家做主的时代伟人。

也有在贫穷中苟且偷生、自甘沉沦的人，有为一家之衣食苦心经营，一旦衣食富足后便大思淫欲的人。

富有与贫穷，原本算不上是喜是忧，关键在于心态沉浮和个人把握。"贫穷自在，富贵多灾""有钱好办事，贫穷行路难""富在深山有远亲，穷在闹市无人问"，都只反映了生活的一个侧面。穷不失志、富不淫欲、淡泊明志、宁静致远，才是健康成熟的心态。

得到与失去。"塞翁失马焉知非福""祸兮福所倚，福兮祸所伏"，是先人们对无数人和事统计分析后得出的至理名言。范仲淹在《岳阳楼记》中写道：不以物喜，不以己悲；居庙堂之高则忧其民；

处江湖之远则忧其君。是进亦忧，退亦忧。然则何时而乐耶？其必曰"先天下之忧而忧，后天下之乐而乐"乎。在范仲淹看来，得到了谈不上大喜事，失去了也无须大悲伤，始终胸怀家国、情系苍生，内心便可宁静。

现实中，不是每一个人都能做到"得失成败总从容"的。得到了荣誉，获得了晋级晋升，抱得了美人归，就开心开怀；失去了荣誉，晋级晋升受挫，未能俘获美人芳心，就垂头丧气，是多数人的心态。以至于，有因晋级晋升受挫而破罐子破摔的，有因恋爱不顺患上了抑郁症的。

屈先生是一所985高校化学专业大学生，进校伊始，他就和几位兴趣相仿的校友组建了诗社。自己创作诗歌，自己花钱印刷并装订成诗集，赠送给喜欢诗歌的师兄师弟、学姐学妹。大二结束，屈先生4门功课挂科，被勒令退学。离开校园的前一天晚上，同班男生在宿舍里为他啤酒送行。借着微微醉意，他狂草了一首小诗答谢：人生有穷亦无穷，何必不雄何必雄；狂歌痛饮欲吞海，得失成败总从容。退学了，屈先生回到穷乡僻壤的老家，白天跟着已近驼背的父亲在农田里忙乎，晚上在昏暗的灯泡下看书学习。第二年，屈先生再次参加高考，被一所211大学中文专业录取。十几年后，屈先生娶妻生子，小家庭其乐融融，他工作上小有成就，业余时间还出版了两本诗集。

快跑与慢行。人生是一场长跑，出生时是长跑的起点，去世时是长跑的终点。跑得最远的，并不是始终快跑的。快慢结合，该快跑时就快跑，该慢行时且慢行的人，往往能跑得更远一些。

记得一段值得回味和深思的对话。一天深夜，某位科学家去了自己的实验室，看见实验助手仍在辛苦地做实验。科学家问道：你白天在做什么？助手回答：做实验啊。科学家继续问道：你白天做实验，晚上做实验，那你什么时候用于思考呢？

男士 A 早年得志，30 岁不到，就进步到了副处级职位，60 岁退休那年，他还是副处级。男士 B 直到 40 岁才提升到副科级职位，人生的前半段进步缓慢。42 岁开始，男士 B 迎来了进步的五连跳，从正科、副处、正处、副厅，55 岁那年，男士 B 已擢升至正厅级，人生的后半段，男士 B 跑出了加速度。

女士 C 和女士 D 是初中同班同学。初中毕业后，女士 C 在家乡学做裁缝，学成后在县城开了间裁缝铺，35 岁时已积累了百万财富，女士 C 的人生前半段跑得够快，发展得够好的。38 岁那年，女士 C 遭遇婚变，裁缝铺生意一落千丈，原来积攒的家产所剩无几。女士 D 初中毕业后去了南方，40 岁前一直在一家服装厂打工，攒下来的钱不到 40 万元，女士 D 的人生前半段不温不火。40 岁那年，女士 D 和老公将一家破产的小服装厂盘了下来，56 岁时，女士 D 已是一家年销售额近亿元、年净利润千万元服装厂的老板，女士 D 人生的后半段跑得够顺、跑得够快。

顺势与逆境。人生不如意十有八九。从时间维度看，人生数十年，大部分时候是很平淡甚至是比较艰难的，春风得意马蹄疾的时候少之又少，有人甚至一辈子也不曾遇到过这种时候。从经历和打拼过的事情来看，多数是难如心愿的，几滴汗水几分耕耘后就有了几分收获，已经是很顺风顺水的了。

顺势的时刻、平淡的日子、逆境的时候，都是漫漫人生路上或短或长的经历。王侯将相、布衣百姓，谁也逃避不了。心态摆正了，胸中的那口气就顺畅了，就明白了在不同阶段自己该怎么去做了。

阳光的心态、积极的做法是，在漫长的平淡日子，规划一下自己的充电计划、蓄能方案——需要更新哪些理念，需要补充哪些知识，需要增长哪些阅历，需要练就哪些能力，需要结交哪些挚友。一旦机遇垂青，那蓄积已久、充沛的能量，就可以较长时间释放出来，照亮前进的征途。

浮躁的心态、糟糕的做法是：①生活平淡的时候，不管自己有几斤几两，反正就是瞧不起主事者、当权者，"凭什么是他们坐在那位置上"经常挂在嘴边，觉得自己的才能与抱负无处施展，于是自暴自弃、颓废堕落。②遭受不测、身处逆境的时候，原本就不强大的内心很容易停跳，原本就不坚实的臂膀很容易被折断。这个时候，精神崩溃、神里神经者有之，跳楼沉湖、服毒自杀者有之。③幸运之神降临后，自己脑子里那一点点知识，身上那一点三脚猫功夫又远远无法胜任岗位的要求。结果是，不在位时，自己左看右看、上看下看，就是瞧不起在位者；好不容易自己在位了，却引来旁人瞧不起、看不中、心不服。

宽容与尖刻。带着一颗宽容的心去看人、看事、看景，人是有血有肉、有情有义，有长处有短板的人；去看事，事是有简单有复杂，有顺利有周折，有愉悦有艰辛的事；去看景，景是有天然有人工，有大漠孤烟有袅袅炊烟，有高山流水有万亩稻田的景。

拿着一把尖刻的尺子去衡量，人是伸左脚要被打左脚，伸右脚要被打右脚，站着不动要被当作一个"苕"（呆板、愚蠢的意思）的人。事情办成了是运气好，办砸了是不努力。天然的风景被嫌弃没有一条好路走，人工的风景被说成矫情太多。

在对待小孩的任性与懂事上，尖刻的家长与宽容的家长有着不同的态度。小孩太懂事太善良，特能吃苦特能耐劳的话，在尖刻的家长眼里不是什么好事，做家长的会心如刀绞。反过来，小孩太任性太顽皮，特能折腾特能捣蛋的话，在尖刻的家长眼里也不是什么好事，做家长的会心烦意乱。小孩怎么表现、怎么做，才能让尖刻的家长满意呢？宽容的家长，对待小孩的态度完全不一样：小孩懂事一点善良一点，值得家长欣慰；小孩任性一点、顽皮一点，家长也觉得没有什么大碍；只要小孩身体健康、心理健康，将来能有基本生存技能，家长就应该高兴应该开心；至于小孩将来能有多大造化，还是顺其自然吧，毕竟不是每个人都能成名成家的。宽容的家长，会珍惜和小孩在一起的每一天，以欣赏的眼光和小孩快乐游戏，他们明白：一不小心，小孩就长大成人了，再也回不到少儿时代了。

　　成功与失败。失败是成功之母，今天的失败，是为明天后天的成功做准备，第一次第二次的失败，是为第三次的成功积累经验。农药"1605"，就是为了纪念此前1604次的摸索与失败。

　　诺贝尔经历了数次的失败，忍受着亲人和朋友的逝去，面临着死亡的威胁，最终发明了雷管，研制出安全炸药。刚开始研制炸药时，诺贝尔就惨遭打击，他所创建的硝化甘油实验工厂被炸为灰烬，有5人被炸死，一位是他正在上大学的弟弟，另外4人是他亲密的助手。诺贝尔的母亲得知次子惨死的噩耗后，悲痛欲绝，诺贝尔的父亲遭受如此大的刺激，出现脑出血，从此半身瘫痪。众多的人像躲避瘟神一样躲着诺贝尔，没有人愿意出租土地给他进行危险的实验。在巨大的失败和痛苦面前，诺贝尔没有退缩。爆炸惨案发生几天后，人们发现在远离市区的湖上，有一艘大船，船上没有货物，只有各种瓶瓶罐罐等实验设备，那是大难不死的诺贝尔一次又一次在继续着他的实验。

看似是失败的事情，经过有心人的琢磨，可以变为成功的事情，"失之东隅，收之桑榆"的事例有不少。流行于湖北湖南一带的热干面，其发明过程颇有戏剧性：一位面点师傅在拌面过程中，不小心将香油打翻了，浸透到面条上。面条师傅不想浪费香油，顺势将面条和香油混合均匀。第二天早上，这伴有香油的面条入开水，捞起，盛放碗中，浇上些许芝麻酱，撒上些许葱花等调料，搅拌均匀后，看似没有汤汁的一碗面，香喷喷，特爽滑，赢得食客们啧啧称赞。

台上与台下。演员在台上，观众在台下。企业高管在台上，平民百姓在台下。

台下的平民百姓羡慕台上的企业高管，似乎理所当然。大权在握，出门前呼后拥，多风光啊。大权在握，签个名、画个圈，资金的流向、员工的升迁降职就在这分秒之间，多惬意啊。大权在握，房子住得好，车子开得爽，不用进菜场，不用下厨房，生活多幸福啊。大权在握，看了省内看省外，看了东部看西部，见识多广啊。

民间有句话："只见小偷吃肉，没见小偷挨打。"意思是说，不要只羡慕他人安逸的时候，还要想想和理解他人的付出与不容易。能到企业高管位置的人，需要忍受很多苦楚，作出不少牺牲。他们作息没有规律，很少在公司朝九晚五，到了时间就回家。他们脑袋里装满了事情，有企业外部的事情，有企业内部的杂事。他们神经紧张，签字容易，出了问题就不是那么简单的。他们的天伦之乐被打了折扣，不可能每天其乐融融与一家老小在一起，无法定期与配偶晚饭后漫步于灯火阑珊处。他们透支身体，场面上的频频应酬，飞机上的疲劳奔波，小车里猫啊狗啊般地蜷缩着，都是健康的大忌。

大权在握的企业高管，早期就是平民百姓。他们从起点开始，努力向上爬啊爬，到达高处后，才发现高处不胜寒，于是留念起平民百姓的生活来：自己吃饱全家穿暖就够了，平民百姓多简单啊；上完 8 小时班，剩余时间就是自己的，平民百姓多安逸啊；晚上散个步，不用担心电话频频来袭，洗澡后看电视，也不会有来客造访，平民百姓多清净啊；想说啥就说啥，说对了不需要表扬，说错了没人追究，平民百姓多自由啊。

留念归留念，如果要企业高管们回归原来的平民生活，他们中的多数还是很舍不得的。毕竟，平民百姓的生活也不是那么好过的。那不多的薪水，要维持一家老小的吃喝拉撒，也不是件容易的事。

健康与疾病。经历着病痛的人，才知道健康是多么的美好。譬如，喉咙里卡了根鱼刺就无法吞咽食物，喝口水都难受。那时想着：只要谁帮我把鱼刺弄出来了，一日三餐让我咸萝卜拌稀饭，我都觉得幸福。譬如，失去了单腿的人，行动不便，跑步免谈，他会想着：要是我有健康的双腿，能蹦蹦跳跳该多好。譬如，患上了尿毒症，一周需要 3~4 次肾透析治疗的人，他会想着：要是我有健康的肾脏，让我烈日下肩挑背扛干苦力我都愿意。譬如，先天性双目失明的人，从未见过五彩斑斓的世界，他会想着：减去 5 年、10 年的寿命，让我睁开双眼，看一眼人世间，看一眼这世界，我都愿意。

无病无痛、好脚好手的人，不一定觉得自己有多幸福。单身的，羡慕那些成双成对的。没儿没女的，羡慕那些人丁兴旺的。住小房的，羡慕那些住豪宅住别墅的。干体力活的，羡慕那些坐在办公室，风吹不着、太阳晒不着的。收入低的，羡慕那些高收入的。普通职员，羡慕那些位高权重的。台下的，羡慕那些闪光灯聚焦的台上人。

也有坦然面对顽疾的。笔者的儿时邻居孙先生，是位严重的小儿麻痹症患者，从出生起，他就没有直立过。行走时，画圆圈般地艰难挪步。勉强完成小学学业后，他跟着一位师傅学习篾匠。学徒期满后，孙先生自己在家编制箩筐、簸箕、筲箕等。细细的竹丝，在他手中飞舞，孙先生很享受这份工作。他精益求精，编织出来的篾器不仅实用而且美观，每一件篾器就是一件工艺品。一年下来的进账，扣除原材料成本后，孙先生能够养活自己，还能孝敬父母。

也有幸福着无病无痛的。裴女士是一位医生，从事口腔正畸。工作 30 年后，她的大学同班同学有的成了医院院长，有的已经正高职称几年，裴女士还只是一名口腔科副主任医师。裴女士没有半点沮丧，总是乐呵呵的，裴女士对身边同事说："小时候的我就喜欢拿捏橡皮泥，做着各种造型，现在的我从事着口腔正畸，让患者上下两排牙齿整齐、美观、实用，我很享受这种感觉；我和家人身体健康，我自己挺满足的。"

八、心态从娃娃抓起

心态良好的人，世界观、价值观、人生观在内的"三观"就不会有多大的偏离。心态从娃娃抓起，在他们逐步形成良好心态的过程中，正确的"三观"也在他们心底生根发芽。

不拼爹。"爹有娘有，不如自己有"，爹娘有能力有本事，不代表儿孙有能力有本事，爹娘有财富有地位，不代表儿孙一定有财富有地位。

"不拼爹"，除了能培养孩子的吃苦精神，还能让孩子从小树立平等竞争意识，和遵纪守法的法治意识。

　　让少年儿童逐步接受"靠自己"的理念，养成"不拼爹"的心态，对提升公民素养、净化社会环境很有意义。在政府清廉、社会清朗的国家和地区，"拼爹"几乎没有什么市场，大家流自己的汗，吃自己的饭，开心创造，快乐工作。在贪腐频发的国家和地区，"拼爹"成了一种风气，这种风气助长了大人们的贪腐行为，也腐蚀了年轻一代的心灵。

　　不炫富。素养不行、才华不够的人，才会去炫富，通过光鲜的外表来掩饰底气的不足。

　　不炫富，而是比拼谁更有知识更有能力，能够引导少年儿童尊重知识，快乐学习，培养他们的想象力，激发他们的动手能力和创新能力。

　　肯吃苦。肯吃苦的人，能够读懂"一粥一饭，当思来之不易；半丝半缕，恒念物力维艰"的含义。

　　肯吃苦的人，尊重身边的每一件商品，尊重遇到的每一次服务，他知道每一件商品、每一次服务中，凝聚了提供者的艰辛与不易。肯吃苦的人，对每一位劳动者都充满着感恩，对为我们衣食住行提供便利的大自然都心存敬畏。

　　肯吃苦的人，会感恩"先生"（古代中国对老师的敬称）和"郎中"（古代中国对医生的称谓）。"先生"启迪人们的智慧，给予人们知识与力量。"郎中"呵护人们的身躯，让人们远离疾病困扰。即使是封建社会和旧中国，全免或减免读书郎学费的"先生"，一文不取、倒贴药费来救死扶伤的"郎中"不在少数。"先生"和"郎中"这两个职业群体，是社会良知和道德底线的守护者，历朝历代都受到人们尊重。

肯吃苦的人，会感恩农民兄弟，农民兄弟风里来雨里去，"锄禾日当午，汗滴禾下土"，才有了人们果腹充饥的"盘中餐"。

肯吃苦的人，会感恩工人兄弟，工人兄弟高温下焊接，粉尘中作业，才有了便利出行、"飞架南北"的一座座大桥，才有了让人们生活更便捷的一件件家用电器。

肯吃苦的人，会感恩科技人员，科技人员苦心志、劳筋骨，通宵达旦、废寝忘食，以"两弹一星"为代表的高科技成果，让中国人挺起了脊梁，捍卫了国家尊严。

肯吃苦的人，会感恩军人和警察，军人和警察让人们拥有一个宁静的家园，一个可以在黄昏下小道漫步的治安环境。

肯吃苦的人，还会感恩许多许多……

因为心存感恩，脸上就有自然的微笑，并一传十、十传百地传递下去。因为感恩，人们就少了些许愤懑，能够聚精会神去工作，一心一意去创造。因为感恩，人与人之间的交往变得简单起来、轻松起来，社会交往成本大大降低，罹患心理疾病的人群也大幅减少。

让孩子们从小树立起对劳动成果的感恩心理，和对大自然的敬畏心理，培养孩子们准备吃苦的心态，能够吃苦的品质，等到孩子们成年后，肯吃苦、能吃苦就会相伴他们一生。

能合作。人是群居动物，群居动物注重合作、追求共赢。

在原始社会，人们群居在一起，分工协作，抱团取暖。有人上山采集野果，有人下河捕捞鱼虾，有人围猎野猪野鸡，有人生火打理食材，有人维修草屋茅舍，有人照料婴儿幼儿。

相比于一个人单打独斗，多人在一起有分工有协作，更有效率更有生存保障一些。工业革命后，机械化大生产对分工的要求更强烈，对协作的要求更明显。人类开始步入现代化的今天，分工与协作的意义更加凸显。

譬如盖房子。以前，人迹罕至的山区，一位汉子可以不紧不慢砍来树木，找来茅草，历经一两年时间，一个人搭建起一间几平方米的茅屋。现如今，大都市里，要建造的房屋是几十上百层的钢筋混凝土或钢构高层建筑，几十名模板工专门从事模板架设，几十名钢筋工专门从事钢筋捆扎，几十名脚手架工专门从事钢管的扣件连接，几十名浇筑工专心将一车车的散装混凝土浇筑到模板内，大家通力合作，几个月时间，一幢建筑面积几万至十几万平方米的高层建筑就结构封顶了。

从幼儿园开始，老师通过一些团体游戏，让孩子们领会到合作的必要性，体会到合作后的愉悦，合作的理念在孩子们中便渐渐入脑入心了。

会宽容。宽容是一种高尚的品德，也是一种积极向上，可以传播开来的力量。

对动作迟缓、洒落米饭的老人，多一分耐心多一分宽容；对少不更事、缺乏条理的孩童，多一分理解多一分宽容；对性情暴躁、口无遮拦的同事，多一分隐忍多一分宽容；对横冲直撞、缺乏礼数的路人，多一分忍让多一分宽容，等等，可以平复家人、同事、路人的心，减少很多家庭矛盾与社会纠纷。

一些被宽容对待过的家人、同事、路人，会感受到宽容的美好与力量，在适当的时候，他们也会宽容对待身边的人，将宽容的力量传递下去。

　　家长和老师，通过言传和身教，让孩子们明白什么是宽容，感受宽容有多美好，感悟宽容是一种可以传播下去的力量，孩子们就可以逐步培养出宽容的品格，和宽以待人的行事风格。

第十章　做个精神心理健康的公民

健康不仅指一个人躯体没有疾病或虚弱，还指一个人生理上、心理上和社会上状态良好。因此，健康既包括躯体健康，也包括精神心理健康、心灵健康、社会健康、智力健康、道德健康和环境健康。

人们对健康的理解是逐步深入的，早期人们普遍关注躯体健康和智力健康，渐渐地，人们开始关注心理健康和社会健康等。

做一名躯体健康、智力健康而且精神心理健康、社会健康的公民，利己利家利社会。

一、为什么关注精神心理问题

精神问题、心理问题，是两个不同但又相关的问题。一般而言，轻性的归为心理问题，重性的归为精神问题。

20 多年前，我国精神障碍发病率约 1%。也就是说，400～500人的单位有 4～5 位精神障碍患者，10000 人左右的单位，大约有100 位精神障碍患者。笔者先后在 9 家单位谋生，9 家单位人员数量不等，但基本符合 1% 精神障碍发病率的情况。

有调查认为：当下城市居民中 10%～20% 的人，存在程度不等的心理问题或称心理障碍。较之于 100 年、200 年前较低的心理障碍发生率，较之于茫茫大草原上大碗喝酒、大口吃肉，心理状况良好的牧民，城市人为什么有这么高比例的心理问题？

有精神卫生专家的解释是：现代社会的信息是海量的，呈爆炸式增长，人体大脑面对这爆炸式增长的信息，显然准备不够，消化不充分。食物在胃肠里消化不好，就会梗阻，出问题，海量信息在大脑中消化不好，就可能引发心理问题。

抑郁症、焦虑症、强迫症、疑病症、癔症，是常见的心理问题与心理障碍。心理问题久未得到解决的话，可能向精神障碍发展，或走向自杀。

以抑郁症为例，约 10% 的抑郁症患者走向自杀之路。抑郁症患者本身不存在暴力伤人举动，但因为心境异常低落，对人世间的吃喝玩乐等提不起兴趣，严重者会觉得活着是异常痛苦的事情，因此虽不伤害他人但努力毁灭自己，觉得唯有毁灭了自己，自己的痛苦才得到解脱。

二、经济越发达时精神心理问题越值得关注

经济发达地区，节奏感强，社会竞争激烈，扑面而来的信息量大，人们的焦虑感、危机感明显。有调查表明：越是经济发达的国家和地区，人们的精神心理问题越严重。

从时间维度看，18 世纪 60 年代开始的第一次工业革命，至今不过 260 年左右时间。这 260 年左右时间，人类所贡献的发明创造、技术革新呈现井喷式增长，人均生产效率是之前 5000 年的十几倍、

几十倍。生产力陡然提升了，生活方式陡然改变了，人们接收到的信息海量增长了，人们需要学习的知识和技能陡然增加了，这种快速增长与人体大脑相对缓慢的自然进化形成了反差。

从空间维度看，有欧美为代表的发达国家，有一些亚非拉国家为代表的发展中国家或欠发达国家。同一个发达国家内，有发达地区和相对落后地区。发达国家、发达地区，人们面临的精神心理问题不比发展中国家、欠发达地区人们面临的少，而是更多。

在发展中国家、欠发达地区，人们的焦虑、担忧更多的是如何解决好温饱，解决好生存问题。一旦温饱解决了，生存无忧了，就像潘多拉盒子被打开了，人们的欲望和需求不再仅仅是温饱和生存了。

发展中国家、欠发达地区成为发达国家、发达地区后，人们面临的问题会更多，焦虑感、危机感会更强烈。人们的这种焦虑感、危机感，如果缺乏有效的监测、预防、疏导、治疗，将导致相当数量的适龄劳动力丧失社会财富创造能力，还可能引发较多的肇事肇祸，降低大众的安全感与幸福感，引起社会的不稳。

三、梦不可怕

笔者在对交往较为密切的同事、同学、邻里 200 人的调查后发现：对存有记忆的梦境，100% 的人认为梦境怪异；对这些怪异的梦境，27% 的人很在意，难以释怀。

梦境难以释怀的主要原因有两点。

为什么梦境这么怪异？现实中明明是好友张三失恋了，梦境中怎么变成我失恋了？

现实中明明是好友李四升迁了，梦境中怎么变成我升迁了？

现实中明明是同学王五离婚后再婚了，梦境中怎么变成我离婚后再婚了？

现实中明明是同学孙六遭遇了车祸，落下了腿脚不利索的毛病，梦境中怎么变成了我一拐一瘸的？

……

为什么梦境这么不符合逻辑？现实中明明是好友 A 添了孙子，梦境中怎么我做了爷爷？我可是尚未婚配，儿女都没有的人啊。

现实中明明是好友 B 既会游泳又热情相助，好几次救起落水者，梦境中怎么我跳进池塘去救人了，我可是"旱鸭子"，生活的地方是看不见水面的黄土高坡啊。

现实中同学 C 成家之前，他的奶奶已经去世多年，梦境中同学 C 的奶奶居然帮着 C 带孩子。

……

梦不可怕的理由在于：

再怎么怪异的梦境，其素材都来源于梦者曾经所历所见所闻。梦境中的豺狼虎豹，来源于梦者从电影电视网络等看到，或从动物园、国家公园中看到的豺狼虎豹；

梦境中被人追杀的血腥场面，来源于梦者曾经看到有人被追杀，或电影电视网络等上有人被追杀的场景；

梦境中"旱鸭子"的自己居然跳进河水去救人，来源于梦者曾经在电影电视网络里看到有人舍身救人的场景；

梦境中奶奶帮自己带孩子的场面，来源于同学同事的奶奶，不但高寿，而且身体健康，还能帮孙子们带孩子；

……

梦者曾经所历所见所闻的拼凑，让梦境变得不合逻辑。现实中好友 A 添了孙子，梦境中将添了孙子的人乱拼成梦者自己，梦者做了爷爷。尚未婚配、儿女都没有的人怎么一下子成了爷爷呢？于是显得不合逻辑。

现实中好友 B 既会游泳又热情相助，好几次救起落水者，梦境中将跳入水中救人的人，乱拼成梦者自己了。梦者是"旱鸭子"，生活的地方是看不见水面的黄土高坡，于是显得不合逻辑。

……

四、无须过度在意梦境

土地需要轮作、休耕，机器需要定期停机、检修，血肉之躯的人体也需要定时睡眠、休息。睡眠的一个重要作用，是让神经细胞、肌肉细胞、表皮细胞等细胞，肌腱组织、结缔组织、皮肤组织等组织，五脏六腑等器官和八大功能系统，在几个小时、十几个小时紧张运转后，轮流得到静息。静息过后，疲劳得以消除，这些细胞、组织、器官、系统又能高效率地投入运转。

就神经细胞而言，人体清醒状态下，100 亿左右的大脑神经细胞近乎 100% 效率地运转，司职感觉、触觉、嗅觉、记忆、传导等职能，保证了人们能够有序完成岗位工作。在此过程中，或许是工作需要，或许是开个小差，人们偶尔会清晰地回忆起既往事情——什么时间、什么地点、与什么对象在一起、发生的什么事情。

人体进入睡眠状态后，100亿左右的大脑神经细胞中，绝大多数神经细胞处于静息状态，只有少数神经细胞轮流值守。虽然只有少数神经细胞值守，但依然履职感觉、触觉、嗅觉、记忆、传导等职能。值守过程中，这些神经细胞偶尔开个小差，将主人曾经所历所见所闻的人物、地点、动作等回忆一下，便是梦境了。

与人体清醒状态下相比，睡眠状态下的梦境中，神经系统专注度很低，梦者曾经所历所见所闻的人物、地点、动作等，像语句拼凑游戏那样拼凑起来。绝大多数情况下，这种拼凑是乱拼，导致梦境蹊跷、怪异。

太在意梦境的人，要么去烧香拜佛，抽签问吉凶。要么纠结于梦境而不能自拔，晚上睡不好，白天想着梦，整个人渐渐昼夜萎靡不振。

当更多人了解梦境的产生过程后，就会快速自我解析梦境，坦然面对梦境，倒床休息，起床干活，开开心心过好每一天。

五、努力提升心理承受能力

提升公民心理承受能力有五条途径，涉及父母、学校、职场、个人四个主体。

一是尽可能让父母有较为强大的心理承受能力，通过父母的遗传，影响到子女。

二是为人父为人母的大人们，注重言传身教，让孩子们从小接受良好心理承受能力的历练。

三是幼儿园、小学、中学、大学，各级各类学校注重对学生心理承受能力的培养与历练。

四是各级各类职场，注重对员工心理承受能力的关怀、历练、提升。

五是个人从青少年时期开始，将提升个人心理承受能力，与注重身体锻炼身体健康一样，当作长期历练项目。

父母的作为。父母的作为有两个方面，一方面是遗传的作为，另一方面是言传身教的作为。

健康的体魄，可以从父母遗传到子女。良好的心理承受能力，某种程度上也可以从父母遗传到子女。为了未来的宝宝，年轻人应该不断历练自己的心理承受能力。良好的心理承受能力，包括：

严于律己、宽以待人的博大胸怀；

愈挫愈勇、百折不挠的韧劲韧性；

不耻下问、虚心请教的学习态度；

和平年代、灾荒年月的生存技能；

淡泊明志、宁静致远的大彻大悟；

得失从容、宠辱不惊的静功定力；

……

宝宝出生后不久，就开始有了模仿和学习能力。父母是子女的第一位老师，父母的所作所为，会一点一滴影响到子女，包括子女的心理承受能力。

譬如，父母为鸡毛小事就暴跳如雷的话，子女今后很可能稍有不顺就大发雷霆。

譬如，父母淡看风起云落、笑对悲欢离合的话，子女今后很可能微笑面对人生的坎坎坷坷。

譬如，父母小眉小眼、斤斤计较的话，子女今后很可能毫利必争、掉进钱眼里。

譬如，父母严于律己、宽以待人的话，子女今后很可能不计一时得失、不争一时高下。

学校的作为。学校教育包括两个方面，一方面传授基本的知识和技能，另一方面开启心智、感化心灵。"传道、授业、解惑"六个字，指的就是这两个方面教育内容。

传道，传授为人之道，不就是开启心智、感化心灵？授业、解惑，不就是传授基本知识和技能，解答学习中的困惑？

职场的作为。良好的职场，不仅仅是为社会提供良好的商品和服务，还应当为职场员工提供良好的事业发展平台，为职场员工心理承受能力的提升提供帮助。换句话说，职场不能仅仅把员工当作完成任务和目标的工具，还应充分考虑员工的自我发展、自我完善。

这两点并不矛盾，而是相得益彰。一个重视员工自我发展、自我完善的职场，能为社会提供更好的商品和服务。

现实中的例子还是很多的。很多发展势头良好的企业，不是把员工当作机器来使用，而是视员工队伍为企业最核心的力量，不断给员工提供良好的发展平台，不断鼓励员工自我完善，激励员工的主动性和创造性。员工在自我发展、自我完善的同时，企业的核心人才、核心技术、核心竞争力也在不断优化与提高，达到了员工积极向上、企业朝气蓬勃、社会效益良好的三赢效果。

个人的作为。不是每个人都能始终置身于良好的职场氛围中。由于年龄，多数人60岁左右会退出职场。因此，心理承受能力的提升，第一责任人是自己。

无论是职场前的学习阶段，还是职场中的工作阶段，又或是职场后的居家阶段，每个人都有责任和义务，不断历练，提升心理承受能力。因为，周遭的打击，可不管你是处在学习阶段、工作阶段还是居家阶段。

历练个人的心理承受能力，主观为自己，客观为社会。个人承受周遭打击的能力提升了，受益的是个人，也是整个社会。

怎么历练个人的心理承受能力呢？要做到"两学"、"一省"。

"两学"。向身边优秀的人学，向书本上优秀的人学，学习他们面对周遭打击时，展现出的心理承受能力。

"一省"。经常自我反省，反省自己面对大小周遭打击后，表现出来的状态，哪些做得不错，可以继续发扬光大，哪些做得不够好，需要今后加以改进。

通过五条途径、四个主体的作为，来提升公民的心理承受能力。当周遭打击（A）小于公民的心理承受能力（B），即 A ＜ B 时，公民就可以自己恢复过来，远离打击，摆脱痛苦。

六、体育锻炼对身心健康的作用

1917 年 4 月 1 日毛泽东在《新青年》第三卷第二号上发表了《体育之研究》一文，文中指出"勤体育则强筋骨，强筋骨则体质可变，弱可转强，身心可以并完"。伟人是这样说的，也是这样做的，年轻时冬天他在爱晚亭边冷水擦身，夏天到湘江边横渡，中晚年多次横渡长江，畅游大海。

一些国家从幼儿抓起，冰天雪地里，穿着短裤的幼儿在寒风中奔跑。多数国家的公民，将体育锻炼视为生活中的重要组成部分，晨练、下班后的锻炼、节假日的骑行、海边的沙滩排球，成为一道道亮丽的风景线。

科学的锻炼可以帮助人们历练出强壮的身体，还可以帮助人们历练出较为强大的心理承受能力，达到"身心可以并完"的效果。

在历练心理承受能力方面，科学的锻炼主要有三点作用。

一是宣泄作用。那一次次奋力的扣杀、奔跑，一次次拼尽全力的挥拍、击打，一次次拿出吃奶劲的冲刺、撞线，一次次大口大口的呼吸、怒吼，可以将体内负性情绪宣泄出去。

二是毅力升级。体育活动特别是竞技体育进行到中间阶段后，人体体能急速下降，不适感明显上升，这个阶段几乎所有人都产生过停下来甚至放弃的念头，但多数人都憋着一股劲，硬挺了过来，从精神上毅力上自己战胜了自己，每一次体育锻炼都是锻炼者毅力的一次小小升级。

三是感悟人生。一次体育锻炼特别是竞技体育，中间会遇到想放弃的念头，会遇到跑鞋不适、鞋带脱落等困难，会遇到合作者的不够默契，会遇到对手超乎想象的强大等情况，这不就是漫漫人生路的一个缩影？每完成一次锻炼，锻炼者都能有或大或小的人生感悟。

观察一下周围人群，那些经常体育锻炼的人，不但体态匀称、身体健康，而且多数满面微笑、心态阳光，很少有出现精神心理问题的。

七、重大灾难面前的自我心理调节

重大灾难，是指自然的或人为的严重损害带来对生命的重特大伤害，包括：

地质灾难，如地震、火山爆发、泥石流、滑坡、崩塌、风暴、海啸等引起的重大灾难。

气象灾难，如水、旱、风、冰雪、冰雹、雷电、海洋风暴等引起的重大灾难。

生物灾难，如病虫鼠害等引起的重大灾难。

以及战争、环境污染、交通事故、工伤事故、瘟疫、火灾等引发的重大灾难。

重大灾难出现后，会造成人员的群死群伤，造成社会物质财富的巨大损失，还会引发个体、家庭及社会的不稳定。因此，重大灾难对社会组织是一场大考，对灾难后幸存下来的个体也是莫大考验。

灾难过后，幸存者中有一部分人躯体健康遭受损伤，需要及时送医治疗。有少数人患上了创伤后应激障碍，需要心理治疗师、心理医生及时干预。更有人身心俱损，需要身体治疗、心理抚慰。

临床医生、心理治疗师的帮助固然必要，幸存者的自我心理调节同样重要。下面来谈谈幸存者出现失眠、多梦、生活节奏变化、至亲离去、暂时生活困难等问题时，如何进行自我心理调节。

1. 如何应对失眠

灾难后幸存下来的人，会倍感身心疲惫，那恐怖的、揪心的灾难场景会时不时在大脑中闪回，一些人因此睡眠质量差，失眠现象频出。

应对失眠，一种有效的方法就是旅游。暂时离开原来的生活环境，到其他地方去看一看、瞧一瞧。

电视台纪实栏目报道过这样一个事例：一位单身母亲含辛茹苦将儿子培养成人，儿子大学毕业后找到了一份不错的工作，就职于一家科技公司。上班两年后，一次出差途中儿子遭遇车祸，失去了一条腿。公司给予了近百万元的补偿，每个月还给予一定的生活费。尚未找女朋友、结婚生子，儿子就遭遇如此灾难，单身母亲感觉天塌下来了，希望泯灭了，于是痛哭、失眠。装上假肢后，儿子考取了 C2 驾照，从补偿款中拿出十几万元买了部车，动员母亲和他一起到外地旅游散心。起先，母亲极度抗拒外出旅游，觉得坐的车是儿子拿腿换来的，旅游的费用是儿子今后的生活保障费。儿子反复动员后，母亲不情不愿随儿子开始了自驾旅游。第一次旅游，娘儿俩去国内一个省份，十天半个月时间。这样的旅游持续三五次后，母亲的心情大为好转，欢笑取代了痛哭，睡得好吃得香取代了失眠和茶饭不思。以前是儿子反复动员母亲出游，后来在家休整十天半个月后，母亲主动动员儿子一起出游。

旅游能带给人们多重收获。

一是拓宽视野。世界那么大，风景那么多，远非住所—单位两点一线所能比拟。在旅游中，人们的视野渐渐拓宽，胸怀也渐渐宽广起来。

二是触动心灵。旅游中，既看景，更悟道，心理承受能力不知不觉中得到提升。置身各色风景，领略风土人情，增长人文知识，触动游客心灵。那些美丽风景，那些厚重文化，那些凡人逸事，真善美齐聚，渐渐抚慰和净化游客心灵。

三是增进体能。旅游是放松心情的项目，也是增进体能的项目。旅游途中，每日的步行数、攀登步数，是居家或工作时的数倍。一次旅游归来，当事人会倍感心情愉悦，也会倍感体能充沛。

四是胃口大开。居家时，走进菜场，面对那琳琅满目的食材，多数人有不知道选什么好，不知道做什么吃才开胃的感觉。外出旅游不一样了，眼里是各色风景，大脑里是不一样的风土人情，心情倍感愉悦。体能消耗加快，肠胃消化加速，停下脚步，坐在饭桌前，一碗小面、一盘小吃就足以让游客胃口大开。

五是促进睡眠。白天脚行万步、数万步，观景悟道，不亦乐乎。晚上到了住地，洗个热水澡，躺在床上，整理一下当天收获，梳理一下次日行程，很快就进入了梦乡。

如果暂时不能外出旅游，要应对失眠，可以和闺密、要好朋友待上十天半月，唠唠嗑。唠着唠着，就慢慢睡着了，睡香了。

应对失眠的第三种方法是体育锻炼。锻炼过后，极度疲劳，倒下就能睡。

应对失眠的第四种方法，是让自己忙碌起来。从早上五六点忙碌到晚上十一二点后，体力难支、眼皮难睁，倒床就能入睡。

应对失眠的第五种方法，是夜读。枕头前摊开一本休闲书，双肘撑在枕头上，趴在床上看。看着看着，不知不觉脑袋开始有空白感，双眼开始视物模糊，借助最后一点力量，关闭床头灯，侧身就睡着了。

2. 如何应对多梦

灾难后一段时期，一些人会出现多梦情况。

应对多梦，首先心态上要放松。当事人要理解多梦是一种正常反应，过了这段时期，多梦情况会逐渐消失。

应对多梦，其次要知晓梦境不过是自己曾经所历所见所闻的拼凑。梦境看似怪异、看似蹊跷，只要将自己曾经所历所见所闻简单梳理，自己便可解析梦境。解析完后，心里释然。

应对多梦，还要通过充实自己来转移注意力。喜欢养花养草的，将几钵、十几钵花草好好伺弄一番，除草、松土、浇水、施肥、剪枝、搭架、开花、结果，忙乎起来，不亦乐乎。

喜欢家庭木工制作的，买来些许材料，切割、拼凑、打磨、上漆。看着亲手制作出来的圆凳方凳、茶几书架、鞋柜鞋架，成就感油然而生。

喜欢个性化家装的，买来不同颜色的墙面漆，刷出自己喜欢的室内颜色来。或买来不同风格的墙纸，剪贴成自己喜欢的模样。居住了几年、十几年的房子，焕然一新。

喜欢手工编织、十字绣的，从简单图形开始，慢慢到复杂一点的图形。从小尺寸十字绣开始，到大一点尺寸的十字绣。日积月累，便有了成就感。

喜欢小革新、小发明的，花不多的钱，买来些材料，将自己的顿悟，或对用品、工具的改进想法，变成革新产品。通过不断改进、提高，革新产品或许就成了专利产品。

喜欢书法的，一叠废旧报纸，一瓶墨汁，一支毛笔，就可以练习颜体或柳体或欧体或赵体，十几年后，行云流水，渐渐有了自己的字体。

喜欢写作的，将生活中有趣的点点滴滴，变成篇篇图文并茂的短小文章，积累在自己的博客、微博上。两三年过后，博客、微博初现模样，自己的写作水平也有了长进。

3. 如何应对灾难后的生活节奏

地震、水灾等灾难来临，受灾人群集中在临时居住地。疫情等灾难中，有关人群被隔离在狭小活动范围。人们面临着行动受阻，活动受限，生活不便等生活节奏的改变。

原有的生活规律被打破了，原来的生活便利暂时没有了，若不能直面灾难，主动调整自己，人们就会单调乏味、心烦意乱、心情郁闷，少数人可能会出现自残、伤人等冲动行为。

直面灾难，秉持乐观心态，化不利为有利，通过体育锻炼、谈心沟通、看书读书、梳理过往等，将非常时期的日子过得充实，过得有滋有味。

体育锻炼。在临时居住地，在狭小活动空间（居家，或临时隔离点等），没有球场、健身房、散步跑步的绿道，但可以定时做做广播操、健身操，可以定时做做原地跑等，达到锻炼身体、放松心情的效果。

谈心沟通。以前忙于工作，年轻人与老人，年轻人与孩子，难得有整块在一起的时间。在临时居住地，在狭小活动空间，家人24小时相伴。这个时候，一家人可以好好谈一下心，沟通一番。年轻人可以静下心来，听听长辈们讲讲他们的过往，讲讲年轻人不曾听过的经历。可以听听孩子们的心声，听听孩子们对爸妈、对爷爷奶奶姥爷姥姥们的期盼。如此过后，一家人会更相互理解，关系会更融洽。

看书读书。手捧一本心爱的书，思绪在字里行间飞扬。灾难过后，非常的日子过去了，几本书也看完了，正能量被吸收了，境界也提升了。

读读革命史书，"苦不苦，想想长征二万五；累不累，想想革命老前辈"的激情油然而生，眼前的灾难、眼前的苦楚，不过是"毛毛雨""小事情"。

读读优美散文，倍感生活的美好，倍感生命的不易，倍感自然界的威力。灾难过后，会更加敬畏大自然，珍视生命，热爱生活。

读读科普文章，会了解到更多的天文、地理、气象、生物等百科知识，对自然界的神奇更加敬畏。

梳理过往。人的一生，既要埋头拉车，也要抬头看路。人们往往沉溺于琐事，少有时间静心思考。灾难中，人们行动受阻、活动受限，正好有大把大把的时间，可以抽出一部分来，梳理一下过往。

哪些是无谓的应酬，以至于浪费了过多的时间。可以减少一些无谓应酬，来多陪陪家人。

是否很久没有陪家人来场说走就走的旅行了。生活恢复正常后，可以从短期旅行开始。

是否有好长时间没有关注家人健康了，老爸老妈持续性的夜间咳嗽是否是大病的前兆。灾难结束后，该抽点时间带上老爸老妈去医院做个健康检查了。

自己是否疏于锻炼，过于透支身体了。生活平静后，该响应某著名大学那个口号"为祖国健康工作五十年",把锻炼延续下去。

4. 如何应对至亲的逝去

灾难中,有的家庭出现了至亲不幸逝去的惨痛。

中国自古将少年丧父(母)、中年丧偶、老年丧子(女)视为人生三大不幸。"在外是根草、在家是个宝",于家庭而言,每一位成员都是重要的:孩子是国家的未来,更是家庭的希望;中青年人上有老下有小,是家庭的主力;老年人传承经验,照看孙辈,"家有老人是个宝"。于家庭而言,哪一位成员的逝去,都是莫大的痛苦和损失。

一位至亲的不幸逝去,对一个家庭打击够大、痛苦够深的了。灾难中,有的家庭甚至出现两位、多位至亲不幸逝去的情况,对幸存下来的家庭成员来说,可谓灭顶之灾、痛苦至极。

至亲不幸逝去后,幸存者会有相当一段时间处于痛苦悲伤中,有的甚至精神受损,出现精神心理问题。如何科学应对至亲的逝去,缩短痛苦悲伤期,尽快从痛苦中走出来,振作精神再出发呢?

下面两句话对幸存者会有触动的。第一句话是"逝者不能复生,生者自当坚强"。灾难已经发生了,至亲已经逝去了,幸存者号啕大哭 365 天,幸存者流干眼泪,也不可能唤回逝去的至亲。正视现实,节哀顺变,振作起来,是幸存者的理性选择。

第二句话是"生者好好活着,便是对逝者最好的纪念"。中国自古有在清明节、在逝者祭日等特定日子,焚香烧纸来纪念逝者、告慰逝者的风俗。生者好好活着,是对逝者最好的纪念、最好的告慰。

八、及时有效的心理疏导和心理干预

加强公民心理承受能力的历练，可以整体性提高公民抵抗周遭打击的水平，让更多的公民在躯体健康的同时，能保持心理健康。

然而，仍会有一定数量的公民，他们的心理承受能力还不够强大，出现周遭打击大于他们心理承受能力的可能性还存在。即使是心理承受能力比较强大的公民，也可能遇到很大的周遭打击，以至于超过了他们心理承受能力。

这两种时候，如果没有进行及时有效的心理疏导和心理干预，当事人很难自己恢复过来，以至于沉溺于打击的痛苦中，天长日久，可能就出现昼夜颠倒、神志恍惚、幻觉妄想症状，而必须去求助精神科心理科医生。

倾听是最原始、最简单的心理疏导。让当事人情绪得到宣泄，是一种心理帮助。2020 年 3 月 23 日媒体曝光了广西横县一小学教师性侵女童 4 年的事情。该事情最终曝光，缘于被侵害女童向她姐姐的倾诉。女童被侵害后，即使升入初中了，仍很压抑地活着，用她姐姐的话说是"人很自闭、内向，还曾跟我说不想结婚"。在姐姐开导下，受害人向姐姐打开了心扉。

当周遭打击大于公民的心理承受能力时，如果身边有那么一两位值得信赖的亲朋好友，而这一两位亲朋好友又细心、敏感地发现了受打击者的异样时，宣泄和倾诉就成为可能。

遭受打击后可以倾诉，负性情绪能得到宣泄的话，受打击者会极大地释放自己的精神压力，原本很大的周遭打击变成较大的周遭打击，原本较大的周遭打击变成一般的周遭打击。周遭打击一经缩小，小到在受打击者的心理承受能力范围内，受打击者就渐渐恢复过来，重整行装再出发。

人类文明史，已有数千年。心理咨询师的出现，不足百年。没有心理咨询师的年月，最信赖的亲朋好友承担起心理疏导职责，是未持证的心理咨询师。他们没有接受过专业的心理咨询培训，但他们知道，倾听、安抚、鼓励，对受打击者有益无害。

最常见的倾听有，父母倾听年幼孩子诉说他们的委屈，兄长倾听弟、妹遇到的打击，闺密倾听朋友遭受的不公或不幸。

心理疏导和心理干预者要有同理心。不管是数千年来民间未持证的心理咨询师，还是近几十年来经过正规培训后持证上岗的心理咨询师，无论他们水平是高是低，有一点是必需的，那就是足够的同理心。

所谓同理心，又叫换位思考、神入、共情，就是进入并了解他人的内心世界，并将这种了解传达给他人的一种技巧与能力。同理心，重要的是要站在对方的角度来理解问题，将心比心，这样就知道对方为什么那样想，从而更能理解对方的做法。

很难想象，同理心不足的人能做好受打击者的心理疏导和心理干预。

譬如，有人倾诉他的至亲接二连三惨死，心理咨询师一句"人总会去世的，世界上每天都有那么多人去世呢"，不但不能安抚倾诉者，还会加重倾诉者的心理不适感。因为，一个人的去世对社会可能影响甚微，对一个家庭却是塌方式的打击。

譬如，有人倾诉她婚前遭遇了欺骗、失去了贞操，心理咨询师一句"女孩总要变成女人的，大不了结婚时不告诉老公"，心理咨询师的轻描淡写，与受打击者的巨大痛苦，完全不在一个频道。

又譬如，有人倾诉他辛辛苦苦打拼了二十几年积攒下的家产一夜之间化为乌有，心理咨询师一句"钱是王八蛋，没有了还会来"，忽视了一个人体能和精力最好的二三十年不可能重来，忽视了挣钱不是那么容易这个事实。

心理疏导和心理干预者要有强大的内心。换一个说法，心理咨询师自己的心理承受能力要强大。

心理咨询师是情绪的垃圾桶，倾诉者都往你这里宣泄情感，都往你这里倾倒情绪垃圾。如果心理咨询师自己的心理承受能力不强大，很可能倾诉者还没心理崩溃，咨询师自己率先心理崩溃了。

优秀的心理咨询师，应该经风经雨、阅历丰富，让宣泄者感觉到：自己那一点事，和咨询师的人生阅历相比，就不叫事。

如今，心理咨询师考证很是普及。医学背景的、音乐背景的、心理学背景的去考，其他背景的也去考。三十多岁的职场人去考，在校大学生也去考。对心理咨询爱得死去活来的去考，为了抽屉里多一个资格证的也去考。

只要合规，每个人都有自己的选择权利。考量到科学性，应该是那些热爱心理咨询，有着丰富人生阅历和较为强大心理承受能力的人，才适合走进心理咨询师这个领域。

实际上，也只有那些热爱心理咨询、有着丰富人生阅历和较为强大心理承受能力的人，才能给有心理咨询需求的人带去帮助。

九、求助心理医生或心理治疗师

两种情况下需要求助心理医生或心理治疗师：

第一种情况，周遭打击（A）大于一个人的心理承受能力（B），即 A > B 时，且无法从亲朋好友中得到及时有效的心理疏导（C1），他可能陷入"白天恍惚→夜间噩梦→白天更恍惚→夜间更噩梦→白天更更恍惚"的恶性循环。一旦陷入恶性循环，他就昼夜难分，恍惚中噩梦，噩梦中恍惚。此时，他需要得到心理医生或心理治疗师的帮助（C2），当 A < B + C2 时，他的症状可以得到控制。

第二种情况，周遭打击（A）大于一个人的心理承受能力（B），即 A > B 时，虽然得到了亲朋好友及时有效的心理疏导（C1），但 A > B + C1，他仍陷入"白天恍惚→夜间噩梦→白天更恍惚→夜间更噩梦→白天更更恍惚"的恶性循环。出现昼夜难分，恍惚中噩梦，噩梦中恍惚的情况。此时，他需要得到心理医生或心理治疗师的帮助（C2）。当 A < B + C1 + C2 时，他的症状可以得到控制。

一些精神卫生机构的临床实践表明，对于第一次发病的精神心理障碍患者，经过专业机构规范化治疗，及社区或居家康复治疗后，约40%患者可以治愈。

附：70个梦例解析

1. 电梯遇险的梦

好友阿化最近做了个电梯遇险的梦，觉得很怪异，要我帮忙解解。

梦境

阿化下班后，回到小区，准备乘坐电梯回家。电梯内，有邻居，有童车，有宠物狗，满满的。向上运行中，电梯突然失去动力，急速下坠，电梯内一片惊叫。更糟糕的是，电梯轿厢居然开始翻转，像搅拌机那样，轿厢内的人、狗、童车颠来倒去，快速滑向深渊。极度惊恐下，阿化醒了。

梦的解析

阿化曾经所历所见所闻如下。

（1）每天下班后，乘坐小区电梯回到家中，是阿化的生活常态。上下班高峰时段，电梯轿厢内经常满满的，有邻居、有童车、有宠物狗，是阿化经常看到的现象。

（2）阿化曾经陪孩子坐过山车，那种翻来覆去的感觉，阿化记忆犹新。阿化在电视新闻上看到过过山车颠来倒去的场景，以及部分过山车安全事故的报道。

（3）阿化最近上班有些不顺，一些本应顺顺利利的事情翻过来倒过去。

一番梳理后，阿化电梯遇险的梦，是阿化曾经所历所见所闻的拼凑。阿化下班回家乘坐电梯，电梯内经常被挤得满满的，有邻居有童车有宠物狗的场景，阿化在电视新闻上看到过山车颠来倒去的场景，阿化最近处理事情不太顺利，一些事情翻过来倒过去的场景等，在梦境中与梦者拼凑在一起了。

梦前几天，阿化小区的电梯出了点小故障，于是阿化就有了电梯遇险的梦。可谓：日有所忧，夜有所梦。

如此解析后，阿化说：看似怪梦，实则不怪。你的解析有道理。

2. 做泡菜的梦

在公司上班的阿娟近日做了个梦，梦里遇见了闺密蓓蓓，动员蓓蓓一起做泡菜卖。阿娟觉得这个梦很蹊跷：自己从没有动员过闺密蓓蓓做泡菜卖啊。

梦境

遇见了闺密蓓蓓，我动员蓓蓓和我一起去做泡菜卖，对蓓蓓说，现在高血压、高血糖、高血脂的人较多，人们慢慢开始减少吃大鱼大肉，适当吃一些泡菜，不仅开胃，还有助于预防"三高"，卖泡菜有市场、有前景。蓓蓓对我说她有固定工作，脱不开身，并向我推荐了她的姐姐莉莉，说莉莉下岗了，有时间参与做泡菜。

梦的解析

阿娟曾经所历、所见、所闻如下：

（1）阿娟有一位闺密小名蓓蓓，两人经常联系，相互走动，互诉心声。

（2）蓓蓓有固定工作，蓓蓓的姐姐莉莉下岗了，在家做些家务，比较清闲。

（3）阿娟从媒体上了解到，现在高血压、高血糖、高血脂的人较多，人们慢慢开始减少吃大鱼大肉，适当吃些青菜、水果、泡菜。泡菜不仅开胃，还有助于预防"三高"。

（4）阿娟从媒体上了解到，好的泡菜很受消费者欢迎，一些做泡菜的人挣了不少钱。

一番梳理后，做泡菜的梦是阿娟曾经所历、所见、所闻的拼凑。阿娟与蓓蓓是闺密关系，两人经常互诉心声的场景；蓓蓓的姐姐莉莉下岗了，在家比较清闲的场景；阿娟从媒体上了解到人们慢慢开始吃些泡菜，减少吃大鱼大肉的场景；阿娟从媒体上了解到，一些人做泡菜挣了不少钱的场景等，在梦境中拼凑在一起了。

梦境前一天，阿娟在家做了份苕粉泡包菜肉丝的菜，一家老小觉得很开胃，吃起来津津有味，于是梦境里就有了泡菜的场景。可谓：日有所历，夜有所梦。

3. 铅球怎么也投不远的梦

近日，好友阿昕做了个铅球怎么也投不远的梦，觉得有些蹊跷，要我帮忙解解。

梦境

阿昕参加某一级的铅球比赛，轮到阿昕第一投，做好预备动作，憋足劲，准备使劲投掷出铅球。无奈，在铅球出手的一刹那，浑身像泄了气的皮球。成绩自然就不理想了，6.75公斤的铅球只投掷出

5 米多远，离阿昕正常发挥水平 10 米左右，差了一大截。其他几位选手发挥不错，成绩在 9～10 米。自己的第二投、第三投，表现和第一投如出一辙。着急啊，苦闷啊，急着、苦着，就醒过来了。

梦的解析

阿昕曾经所历所见所闻如下。

（1）阿昕爱好投掷铅球，高三时那么忙，每天晚自习前，都要和同年级几位有相同爱好者，花上 20 多分钟时间来进行铅球比赛。

（2）阿昕大学时参加过校、系两级田径赛中的铅球比赛，成绩为 10～10.5 米，获得过名次。

（3）阿昕对投掷铅球的体会是：投掷前，运运气，将力量尽可能集中到腿、腰、手、手指上，然后突然发力。

（4）阿昕参加疾病防控，已经两个月了，睡眠不足，饮食较差，体能消耗较大。平时走路带着风，说话有中气，现在已渐行渐远。越想走路有劲，越想说话有底气，往往适得其反。

一番梳理后，铅球怎么也投不远的梦，是阿昕曾经所历所见所闻的拼凑。阿昕高中阶段爱好投掷铅球的场景，阿昕大学期间参加校、系两级铅球比赛，成绩在 10～10.5 米的场景，阿昕投掷铅球时腿、腰、手、手指联合发力的场景，近段时期阿昕参加疾病防控，体能消耗较大、浑身乏力的场景等，在梦境中拼凑在一起了。

如此解析后，看似蹊跷的梦，就不蹊跷了。

4. 准备接受媒体采访的梦

好友伍哥近日做了个准备接受媒体采访的梦，觉得有些奇怪，要我帮忙解解。

梦境

住地附近修鞋配钥匙的王老板找到伍哥，说："你那双换了两次鞋底的旧皮鞋还在吗？央视记者前几天找到我，要做一个采访，采访经常补鞋子的某位顾客，我想都没想就推荐了你。"

从王老板那里领受任务后，伍哥开始为接受采访打腹稿。①像伍哥这样每天4个多小时行走在路上的上班族，皮鞋最容易损坏的是鞋底，往往鞋底坏了，鞋帮子还近乎完好。鞋底子断裂了、渗水了，就将鞋子报废，实在可惜。②不如将鞋底换一下，鞋帮子还可以发挥作用。一来换鞋底子的费用只有购买新鞋子的十分之一，对手头不算宽裕的伍哥很实用。二来鞋帮子再利用，符合"资源节约型、环境友好型"的大势所趋。

梦的解析

伍哥曾经所历所见所闻如下。

（1）伍哥经常到王老板鞋摊上修修补补，与王老板是老熟人、好朋友了。

（2）伍哥每天上下班花费4个多小时，走路多，鞋子跟着伍哥遭罪。

（3）伍哥仅有的两双皮鞋，均已更换了两次鞋底，都是王老板帮的忙。

（4）7年前伍哥3次受邀进入人民日报社、人民网办公大院内，做访谈直播或接受媒体采访。进入大院前，眼睛朝左边一瞅，旁边就是新的央视大楼。

（5）伍哥从媒体上知道，当今正倡导"资源节约型、环境友好型"的"两型社会"建设。

一番梳理后，准备接受媒体采访的梦，是伍哥曾经所历所见所闻的拼凑。伍哥因为经常修鞋，与王老板成了好朋友的场景，伍哥每天花费 4 个多小时在上下班路上，鞋子底部遭受磨损的场景，伍哥在王老板那里多次更换鞋底的场景，伍哥曾接受过媒体采访的场景，伍哥曾经 3 次前往人民日报社大院，看到过附近的央视大楼的场景，伍哥从媒体上知道当今正倡导"资源节约型、环境友好型"社会建设的场景等，在梦境中拼凑在一起了。

如此解析后，这看似奇怪的梦就不奇怪了。

5. 被人拿着锥子追杀的梦

2020 年 3 月上旬的一天，同事老韩告诉我，他做了个怪梦，左思右想、不得其解，要我帮忙解解。

梦境

莫名其妙被人追杀，自己使劲跑啊跑，怎么也跑不赢。那帮家伙拿锥子准备朝我后背捅，我被吓醒了。那锥子啊，就是老一辈木匠师傅在木头上打孔的那工具。

梦的解析

老韩曾经所历所见所闻如下。

（1）老韩从电影电视等媒体上，多次看到有人被追杀的画面。

（2）怪梦当天晚上 5 点半到 8 点半，老韩和他的朋友相约羽毛球场。50 多岁的他持续 3 个小时前后奔波、左右跑位。之后，已是疲惫不堪、体力透支，怎么也跑不动、跑不赢了。

（3）怪梦前 3 天的一次聚会上，老韩听一位朋友，讲述读大学的孩子情绪失控，拿着锥子朝家用按摩椅后背上猛锥的事。

（4）老韩儿时生活在乡村，看见过木匠师傅用锥子凿孔，用刨子找平，用锯子锯断。简简单单几件木工工具，木匠师傅就能将那木材变成一件件实用、漂亮的家具。

一番梳理后，被人拿着锥子追杀的梦，是老韩曾经所历所见所闻的拼凑。老韩从电影电视等媒体上多次看到有人被追杀的场景，老韩连续打了 3 个小时羽毛球后，怎么也跑不赢别人的场景，老韩从饭桌上听到一位情绪失控的大学生，拿着锥子朝按摩椅后背上猛锥的场景，老韩小时候看见木匠师傅使用锥子凿孔的场景等，在梦境中与梦者拼凑在一起了。

6. 被妖魔鬼怪追赶的梦

近日遇到了初中同学新发。新发告诉我：小学阶段几乎夜夜有梦，其中近一半的梦，是自己被妖魔鬼怪不停地追赶。他觉得很奇怪，将那些梦境说与我听，要我帮忙解解。

梦境

自己被妖魔鬼怪不停地追赶，虽然想全力逃跑，却每每行将被鬼怪抓住，然后从梦境中惊醒过来。

梦的解析

同学新发做那些梦之前，所历所见所闻如下。

（1）那时新发家里缺粮少油，他总是吃不饱饭。早上上学之前，他要去捡拾猪粪，晚上放学后，他要去采挖猪菜、水井挑水等。正是长身体的时候，营养跟不上趟儿，他的体力活儿倒不少。中医理论认为：正气存内、外邪难入；正气不足、外邪易侵。那时，新发身体属于正气不足，体虚，邪气易侵入那种。

（2）小时候的新发，听大人们夏季乘凉时闲聊，讲述一些妖魔鬼怪的故事。譬如，有女人落水淹死了，变成了一个披头散发的女鬼，一到晚上就出来游荡。又譬如，有小孩得病夭折了，变成了鬼，一到晚上就出来追着找小朋友们玩耍。

（3）小时候的新发，从同学那里借来连环画，上面有大人、小孩被野兽被坏人追赶，拼命逃跑的画面。

一番梳理后，儿时被妖魔鬼怪追赶的梦，是新发那时身体虚弱、睡眠不好，曾经所历所见所闻拼凑的结果。小时候新发听大人讲述过妖魔鬼怪晚上出来游荡的场景，小时候新发从连环画上看到过大人、小孩被追赶，拼命逃跑的场景等，在梦境中与梦者拼凑在一起了。

7. 找厕所的梦

初中同学达文告诉我：小学阶段，一个月总要做那么一两次找厕所，然后就尿床了的梦。他将梦境说与我听，要我帮忙解解。

梦境

膀胱憋得慌，要小便了，开始辛辛苦苦四处找厕所。快要憋不住尿的那一刻，终于找到了一处厕所，于是赶紧解决问题。一泡尿出来，膀胱是舒坦了，大腿处怎么隐隐感觉一阵湿热，随即醒来了，发现自己尿床了。

梦的解析

初中同学达文做那些找厕所的梦之前，所历所见所闻如下。

（1）少儿时期的达文昼夜尿频尿急，一小时多就要小解一次。白天尿意来了，就会赶紧去找厕所。找到厕所后，撒尿的那一刻真是痛快，膀胱瞬间变得轻松、舒坦。

（2）冬夜七八个小时躺在床上，达文要起来小解五六次。夜晚尿急了，若没能醒来主动起床小便，或是被大人唤醒起来小便，膀胱就会憋得慌。这时做梦的话，大概率是四处找厕所的梦。

（3）梦中辛辛苦苦找到了厕所的达文，便会一放为快。结果是尿床了，醒来了。

一番梳理后，儿时找厕所的梦，是达文曾经所历所见所闻的拼凑。少儿时期达文白天尿意来了，赶紧去找厕所，撒尿后膀胱瞬间变得舒坦的场景，冬夜的达文尿急了，膀胱憋得慌的场景等，在梦境中拼凑在一起了。

8. 开通 Wi–Fi 的梦

2020 年 3 月中旬的一个晚上，大学同学老高做了个看似奇怪的梦。3 个月后，老高见着我，将梦境说与我听，要我帮忙解解。

梦境

上级来督导，要求办公室两个 Wi–Fi 24 小时开着，这样就可以实时在线监测医院疾病防控情况了。办公室有同事说，这段时期，我们工作在单位，晚上休息在办公室，能否只开一个，以减少不必要的电磁辐射。督导人员说，那样信号强度就不够，必须同时打开两个 Wi–Fi。同事说，那好吧，按要求执行。

梦的解析

大学同学老高曾经所历所见所闻如下。

（1）2020 年元月开始，因为疾病防控需要，老高和同事们一直坚守在医院，有近两个月时间了。1 月份的时候，老高还穿着厚厚的羽绒服，3 月中旬老高身上只需两件单衣了，头发也老长老长的，体重掉了十几斤。多数时候，老高凌晨两三点才能在办公室迷糊一下，早上 6 点半手机铃声一响就翻身起床。

（2）疾病防控期间，各级各部门来医院督导，多的时候一天有好几拨。

（3）为了节省手机流量，前两年老高自己家里开通了 Wi‑Fi，而且是两个。老高从网上了解到，Wi‑Fi 是有电磁辐射的，虽然剂量不大。

（4）环保部门前几年对医院污水处理站实行了 24 小时在线监测管理。

如此一梳理，开通 Wi‑Fi 的梦，是大学同学老高曾经所历所见所闻的拼凑。2020 年疾病防控期间，老高和同事们一直坚守在医院的场景，两年前老高家开通了两个 Wi‑Fi 的场景，老高从网上了解到 Wi‑Fi 存在电磁辐射的场景，老高所在医院的污水处理站几年前接受环保部门 24 小时在线监测的场景等，在梦境中与梦者拼凑在一起了。

9. 掉进水塘里的梦

昨天晚上和小学同学老孙小聚，其间老孙说起几天前他做的一个梦，觉得那梦穿越了时空，很是离奇。他将梦境说与我听，要我帮忙解解。

梦境

自己掉进了儿时经常狗刨式游泳的水塘，衣裤在身，旅游鞋在身，知道这样不便于水中求生。于是猛吸一口气后将头埋进水中，在水里将右鞋鞋带解开，脱下右鞋。脑袋出水后，再一次猛吸一口气，在水里将左鞋鞋带解开，脱下左鞋。想起裤子右边口袋里还有手机呢，赶紧向岸边游去，到岸边后，将手机掏出来，放在岸上，岸的另一边是水井。打开手机一看，虽不如掉进水前那么清晰，那么色泽艳丽，却也可以将就着使用。

梦的解析

小学同学老孙曾经所历所见所闻如下。

（1）老孙从电视新闻里、从他人口中，时不时了解到有人不小心落入水中的报道。

（2）老孙小时候经常去村子里水塘中狗刨式游泳。村子的水井就在水塘边。

（3）老孙从媒体上了解到，人一旦落入水中，得尽快脱掉鞋子和衣服，才有机会水中逃生。脱鞋子必须得先解开鞋带。

（4）这几年，老孙总是习惯于将手机放入裤子右口袋中。

（5）去年，老孙的同事老喻的手机从口袋溜出来，掉进水里后，被老喻迅速捞了起来，风干 12 小时后，开机，画面虽不如掉进水前那么清晰，那么色泽艳丽，却也可以将就着使用。

一番梳理后，掉进水塘里的梦，是小学同学老孙曾经所历所见所闻的拼凑。老孙从电视新闻上了解到有人不小心落水的场景，老孙小时候经常去村里水塘狗刨式游泳，水塘旁边就是水井的场景，老孙从媒体上了解到落水后得尽快解开鞋带、脱掉鞋子的场景，这几年老孙一直将手机放置在裤子右口袋的场景，去年老孙的同事的手机掉进水里，被迅速捞起后能将就使用的场景等，在梦境中与梦者拼凑在一起了。

10. 偷摘邻居家土桃的梦

女同事陈姐告诉我，小时候做过很多梦，现在能回想起来的、印象比较深的，是偷摘邻居家的土桃子的梦。女同事觉得奇怪：生活中自己从没干过小偷小摸的事，梦里自己怎么就去偷摘邻居家的桃子了呢？女同事陈姐将梦境说与我听，要我帮忙解解。

梦境

趁着夜色，和三五个小伙伴溜进邻居家的果树林。桃树上的土桃子可大呢，摘下一个，在裤子上蹭几下，放进嘴里一咬，可甜啦。吃完第一个桃子，赶紧摘下另外几个桃子，往上衣口袋、裤子口袋里一揣，一溜烟儿地闪人了。

梦的解析

陈姐做这个梦之前，曾经所历所见所闻如下。

（1）陈姐小时候生活在湘鄂交界的山区，家乡有几小块果树林，林子里有土桃子树、土李子树，分属于几户人家。每年端午节前后，土桃子、土李子就成熟了。

（2）那时，家里没有果树林的村童们，若是扛不住诱惑了，便到邻居家果树林蹭几个桃子。嘴里吃着一个，上衣口袋、裤口袋里揣上几个，是常有的事，陈姐小时候就看见三五个小伙伴趁着夜色干过这种事。大人们心照不宣，彼此间并不计较。

（3）那时，山村里能够一饱口福的美味不多。大的土桃子三两左右重，成熟后外皮紫红紫红，在裤子上蹭几下，送入口中一咬，酸甜酸甜的，人间美味啊。

一番梳理后，偷摘邻居家土桃的梦，是陈姐那时所历所见所闻的拼凑。陈姐小时候生活在山区，有几户人家有小块果树林的场景，那时，家里没有果树林的村童们扛不住诱惑了，到邻居家果树林蹭吃土桃，吃了还往口袋里揣上几个的场景，蹭吃土桃时压根就不用水洗不用削皮，在裤子上蹭几下就送入口中的场景，咬下一口土桃后酸甜酸甜的场景等，在梦境中与梦者拼凑在一起了。

11. 捡拾硬币的梦

男同事阿兵告诉我，小时候他做过很多梦，现在还记得的，是小学期间的梦，梦见自己到供销社柜台下捡拾到 5 分钱的硬币。阿兵觉得奇怪：小时候自己从没捡到过钱的啊，怎么梦里就捡到钱了呢。

梦境

小学放学后，背着书包，和小伙伴们蹦蹦跳跳往家走。途经公社供销社，小伙伴们一起进去过过眼瘾。眼巴巴望着柜台里的糖果，口水都快流出来了，可惜手里没有钱。忽然间，看见柜台脚下有银灰色的小东西，那不是硬币吗？眼睛假装朝上，暗地里右脚尖轻轻将硬币朝外拨出。快速弯腰，将一枚硬币拿捏在手中，然后迅速离开。走出供销社 50 多米远，将紧攥着的右手松开，那可是一枚 5 分钱的硬币啊，心里别提有多高兴了。

梦的解析

阿兵做这个梦之前，曾经所历所见所闻如下。

（1）那时一个人民公社才有一家供销社，供销社木质柜台里陈列的有限商品，包括布匹、背心、秋衣秋裤、棉絮、肥皂、火柴等。社员们购买时，多数商品既需要钱，也少不得布票、火柴票、肥皂票等票证。供销社柜台里也有少量不需要票证，只需要钱购买的，譬如，护手的蛤蜊油，打蛔虫用的宝塔糖，孩子们直流口水的小粒糖。

（2）社员们家里很难见到现钱，几分钱对社员家庭都弥足珍贵。

（3）那时发行的硬币有1分、2分、5分，在孩子们眼里，5分钱就是大钱了，可以买一个语文本，或是买回3颗小粒糖。

（4）供销社柜台下，偶尔有顾客掉下了却没被留意到的硬币。阿兵那时就听说，有同班同学在供销社柜台下捡到过硬币。

一番梳理后，供销社柜台下捡拾硬币的梦，是阿兵那时所历所见所闻的拼凑。那时人民公社供销社柜台里陈列着糖果、肥皂、火柴等有限商品的场景，那时几分钱对社员家庭弥足珍贵，5分钱就是大钱的场景，那时阿兵的同班同学在供销社柜台下捡拾到硬币的场景等，在梦境中与梦者拼凑在一起了。

梦前那段时期，阿兵要买练习本买铅笔，对几分钱、一角钱充满了向往，于是有了捡拾硬币的梦。可谓：日有所想，夜有所梦。

12. 怎么也砸不断歹徒大腿的梦

一位医生朋友告诉我，前两天晚上他做了一个怪异的梦，梦见自己拿着斧头使劲砸，砸啊砸，却怎么也砸不断歹徒的大腿。

梦境

一个偌大教堂里，两个穷凶极恶的歹徒拿着手枪，命令梦者在内的几十个平民双手抱在脑后，弯腰蹲在教堂地面上。对稍有不服从者，或动作略显迟缓者，歹徒便开枪。

看到同胞一个个被歹徒射杀，下一个说不定就轮到自己，"蹲着也是死，搏一搏说不定还有生的希望"。带着这样的想法，自己与旁边的同伴用眼神交流着。

低头看着眼前狭小的范围，看到两个歹徒的大头皮鞋一步步靠近，自己和旁边的同伴各自向最靠近自己的歹徒猛扑过去。趁着歹徒还没反应过来，自己从腰间掏出一把斧头，朝着歹徒的胫骨一顿狂砸。砸啊砸，却怎么也听不到"咔嚓"的骨裂声，这歹徒的胫骨咋不是骨头，倒像是有弹性的塑料呢？

正纳闷着，手机铃声响了，来电话了，梦也就结束了。

梦的解析

这位医生朋友曾经所历所见所闻如下。

（1）这位医生朋友从电影电视里多次见过如下场景：两三名纳粹分子手持枪支，命令几十上百位犹太平民，双手抱在脑后、蹲在地上一动不动，对稍有反抗者开枪击毙。地点或是教堂，或是学校，或是广场等。

（2）电影和小说里，这位朋友熟悉这样的场景：低着脑袋，双手抱头，蹲在地上的被劫持者，借助眼前狭小的视野，当看到歹徒的大头皮鞋靠近后，突然起身，向对方猛扑过去。

（3）这位医生朋友小时候生活在山区，经常用斧头砸断木柴。

（4）这位医生朋友喜欢踢球，知道足球场上，胫骨很容易受伤，很容易断裂。

（5）这位医生朋友挖过树兜，碰到类似于藤蔓的树兜，斩啊斩，很难斩断的。

（6）这位医生朋友刚刚经历了两个半月的疾病防控专项工作，很辛苦也很疲劳，躯体和心理都还处于亚健康状态，做点不太舒服的梦，很正常的。

一番梳理后，怎么也砸不断歹徒大腿的梦，是这位医生朋友曾经所历所见所闻的拼凑。这位朋友电影电视里看见过两三名歹徒持枪威逼几十上百号平民的场景，这位朋友从电影和小说里了解到被劫持者找准机会奋起反抗的场景，这位朋友小时候用斧头砸木柴，遇到藤蔓的树兜很难斩断的场景等，在梦境中与梦者拼凑在一起了。

13. 种蚕豆的梦

小学同学老杜最近做了个空地上种蚕豆的梦，他觉得有些奇怪：很少干家务的自己，怎么在梦里成了那么勤快的一个人？老杜将梦境说与我听，要我帮忙解解。

梦境

新农村建设后，住房一排排相连，住房与公路之间有近百米距离，留下了好大一片空地。看着这些空地，觉得挺可惜的，于是动起了种植蚕豆的念头。村里有人说，这些空地预留着，准备用来种树种草、美化环境，不允许种菜的。看见一处 60°～70°的斜坡，既不适合种树也不适合种草，这总该可以让种蚕豆吧。

梦的解析

小学同学老杜曾经所历所见所闻如下。

（1）这位小学同学现在在一家勘察设计院工作，每年总要回老家几趟。途中，跃入眼帘的，是新农村建设后，公路两旁那一排排两层楼楼房。楼房与公路间有上百米距离，一些农户就利用这些空地种起了蚕豆、大白菜、大蒜之类的蔬菜。

（2）这位小学同学的高中时期，是 20 世纪 80 年代，正值农村联产承包。那时农民见缝插针，不会让一寸土地闲置，即使是60°~70°的斜坡，也会种上蚕豆、洋姜、土豆、玉米之类易于生长的蔬菜或作物。

（3）这位小学同学在家里兄弟姐妹中排行老幺，上面有3个姐姐。小时候他看到3位姐姐经常帮衬家里干农活，尤其是大姐，开荒种菜是一把好手，种蚕豆啊、挖洋姜啊，大姐都很给力。

（4）来到省城工作后，这位小学同学看见公园里、道路边，有好多好多的空地，都种上了树木花草，美化了环境。城市的公园里、道路边，是禁止种菜的，一来不够雅致，二来种菜需要的肥料，特别是农家肥，会带来异味。

一番梳理后，空地上种蚕豆的梦，是老杜曾经所历所见所闻的拼凑。老杜每年回老家途中，看到新农村建设后楼房与道路之间的空地上，农民们种起了蚕豆之类的场景，老杜的家乡联产承包时期，农民们不浪费60°~70°斜坡，种上蚕豆等蔬菜或作物的场景，小时候老杜的大姐是帮衬家里的一把好手，开垦荒地，种上蚕豆之类作物的场景，老杜在省城工作后，看见公园里、道路边不让种菜，而是种树种草、美化环境的场景等，在梦境中与梦者拼凑在一起了。

14. 买药的梦

一位同事告诉我，昨晚他做了个去医院帮儿子和外甥这两位小朋友买药的梦。这位同事觉得奇怪：自己的儿子和外甥，现在都是快30岁的人了，早已不是小朋友了，身体也好着呢。同事将梦境说与我听，要我帮忙解解。

梦境

找到医院门诊医生，为自己的儿子、外甥两位小朋友买药。为自己儿子买的药是钙尔奇，用的是子女统筹医疗处方。为外甥买的药是双黄连口服液，用的是现金处方。

梦的解析

这位同事曾经所历所见所闻如下。

（1）前三个月这位同事参加疾病防控工作，现处于隔离休整期。疾病防控期间，一些医院暂停了普通门诊、普通病房服务。这位同事的父母是80多岁的老人，一个长期服用治疗冠心病的药，一个长期服用降压的药。那三个月，这位同事从网上药店为两位老人买药。

（2）20多年前，这位同事的儿子、外甥总在一起玩耍。那时儿子比同龄孩子个小，时不时补点钙，服用点钙尔奇之类的钙片。外甥偶尔感冒，购买过双黄连口服液之类的药。

（3）20多年前，这位同事的儿子参加了职工子女统筹医疗，外甥没有参加。外甥小时候看病，都是现金结算。

一番梳理后，去医院买药的梦，是这位同事曾经所历所见所闻的拼凑。前不久，这位同事为家里两位老人买药的场景，20多年前这位同事为儿子购买过钙尔奇片，儿子享受职工子女统筹医疗的场景，20多年前外甥偶尔感冒后，去医院现金购买双黄连口服液的场景等，在梦境中与梦者拼凑在一起了。

15. 借药的梦

一位在医院工作的高中同学，近日做了个借药的梦，要我帮他解解。

梦境

元旦至今，因为疾病防控需要，作为医生的自己，一直在医院忙。半个月前开始，自己过敏性鼻炎发作，打喷嚏、流鼻涕，很难受。这两天又有点咳嗽，自己感觉是细菌性肺炎。疾病防控期间，医院暂停了普通门诊。买药是买不成了，准备第二天到医院药房借两盒头孢他啶口服片。还自己提醒自己，一定记得尽快归还，免得让药房同事为难。

梦的解析

这位高中同学曾经所历所见所闻如下。

（1）近几年来，每年 3～5 月份这位同学的过敏性鼻炎就发作了。

（2）做这个梦之前的几天，气温像过山车，一下子是 25～30℃，只需要穿一件单衣，一下子 5～10℃，又要穿袄子。三四月份是容易感冒的季节，周围同事就有好几位有咳嗽等轻微感冒症状。

（3）去年这位同学感冒过，没怎么注意，结果从上呼吸道感染发展到下呼吸道感染，酿成了细菌性肺炎。先是口服头孢他啶，后改为静脉输液 11 天，才恢复过来。

（4）这位同学所在的医院，疾病防控期间，暂停了普通门诊服务。遇到急需药品的，要么到药店去购买，要么到药房打借条借用一点，门诊恢复后买了药品再归还。

（5）这位同学很少向别人借东西，一旦借了东西，必定尽快归还。

一番梳理后，借药的梦，是这位高中同学曾经所历所见所闻的拼凑。这位同学近几年春季过敏性鼻炎发作的场景，做梦前几天气温忽高忽低，一些人感冒、咳嗽的场景，去年这位高中同学感冒发展成细菌性肺炎，靠头孢他啶才治愈的场景，疾病防控期间要么到药店买药，要么到医院药房借药的场景，这位高中同学很少向别人借东西，一旦借东西了必定尽快归还的场景等，在梦境中与梦者拼凑在一起了。

16. 理发的梦

高中同学老喻昨晚做了个理发的梦，他觉得不可思议：自己理发从来都是找正规师傅的，梦里怎么找了个同事帮忙理发呢？老喻将梦境说与我听，要我帮他解解。

梦境

元旦至今，身为医生的老喻一直在医院忙乎，已经有 3 个月了。当初是平头，现在是可以扎根橡皮筋的艺术范儿头。还有几天就可以回家了，老喻不想留着这么长的头发回家。

到哪里去理发呢？医院在防控疾病，人员出不去。即使人员出得去，现在街面上的理发店也没开张营业啊？对了，有办法了，单位后勤部门的同事高师傅不是有剃头推子吗？电话与高师傅预约，高师傅很爽快答应帮忙。

晚上六点多，径直去找高师傅，高师傅拿出自己的家当——一把推子、两把剪刀，先推两侧，再推颈后。老喻觉得还不够，对高师傅说：你再用打薄剪刀将头发打薄一些吧，天气渐热，头发厚了不爽。

梦的解析

老喻曾经所历所见所闻如下。

（1）元旦以来，老喻一直在医院参加疾病防控，三个月时间没法修理头发，头发早已盖过了双耳，很有些不爽。

（2）老喻的同事——后勤部门的高师傅有一套网上购得的简易理发工具，偶尔帮几位男同事修剪一下头发。

（3）老喻听说过高师傅帮男同事理发、帮忙打薄头发的事情。

（4）现在已是四月初，老喻所在城市的气温渐渐上升了。

（5）还有一周左右时间，老喻和同事们即将完成疾病防控任务，届时老喻就可以回家了。

（6）老喻平常比较注重自己的形象，从头到脚收拾得干干净净、整齐有型。

一番梳理后，理发的梦，是高中同学老喻曾经所历所见所闻的拼凑。老喻三个月时间参加疾病防控，头发很长了的场景，老喻听说过同事高师傅有一套简易理发工具并偶尔帮男同事理发的场景，四月份天气回暖留着长头发不爽的场景，疾病防控即将结束注重形象的老喻即将回家的场景等，在梦境中与梦者拼凑在一起了。

17. 怎么也点不开支付宝的梦

好友老王说他昨晚做了个梦，梦里他怎么也点不开手机里的支付宝应用。他觉得很奇怪，要我帮他解解。

梦境

三月底，参加完疾病防控，度过了 14 天隔离期后，回到家中。第二天早上六点半就来到家门口"老地方热干面馆"，要老板来一碗热干面。热干面到手了，拿出手机准备用支付宝付款。划到支付宝图标，手指轻轻点击，点击不开。第二次点击，还是不开，第三次、第四次，依然无法点开。越着急，越想点开，越是点不开，就这么和手机着急着。尿意来了，得起床上厕所了，梦也就醒了。

梦的解析

好友老王曾经所历所见所闻如下。

（1）好友老王家旁边有家"老地方热干面馆"，小有名气，他经常去那儿吃早饭。

（2）近两年来，老王都是用支付宝为早餐买单。

（3）老王到菜场到超市购物时，看到过身边有人用湿的手指点击手机，手机点击不开的情况。

（4）老王这次做梦时，尿意很浓，需要起床上厕所了。尿意的急迫，转换成了支付宝付款的着急。

一番梳理后，怎么也点不开支付宝的梦，是好友老王曾经所历所见所闻的拼凑。老王经常去家门口旁边那家热干面馆吃早饭的场景，近两年来老王开始用支付宝付款的场景，老王看到过有人用湿手点击手机屏幕，怎么也点击不开，心里很着急的场景等，在梦境中与梦者拼凑在一起了。

18. 担心被隔离的梦

同事高先生说他前几天晚上做了个梦，梦里他一直担心自己将被隔离14天，要我帮他解解。

梦境

高先生和其他三位同事，穿着防护服，戴着口罩、眼罩、手套之类，一起为单位去世老职工送行。先是去殡仪馆，然后去了墓地。准备从墓地返回的路上，高先生拍了拍大腿，"这下会不会被要求居家隔离 14 天啊""未来一周，还有一两件急事等着自己去办呢"。

梦的解析

高先生曾经所历所见所闻如下。

（1）高先生热心快肠，经常帮老职工张罗白事。

（2）这三个月来，疾病防控原因，凡是直接接触了某种疾病病人的，或是某种疾病病人出院后，都要隔离 14 天。

（3）非常时期去殡仪馆和墓地的人，多穿着防护服，戴着口罩、眼罩、手套之类的，和隔离病房、发热门诊的工作人员防护上相差无几。

（4）封控管理一段时间了，高先生家里有老人身体不适，高先生准备送老人去医院看普通门诊。

一番梳理后，担心被隔离的梦，是高先生曾经所历所见所闻的拼凑。高先生热心快肠，经常帮老职工张罗白事的场景，疾病防控考量，直接接触了某种病人后需要隔离 14 天的场景，非常时期去殡仪馆、墓地的人穿着防护服、戴着口罩等的场景，高先生近期送家里老人去医院看普通门诊的场景等，在梦境中与梦者拼凑在一起了。

如此一梳理，高先生对自己梦里的担心就释然了。

19. 担心脉管炎的梦

近日同事李先生做了个梦，梦里担心他患上了脉管炎，要我帮他解解。

梦境

李先生腿脚有些不利索，走路不带劲。以为是扭着筋了，恢复性锻炼一段时间后，仍不见好。转头去查血，看看血液有没有什么问题，检查结果血液没问题。想着是不是患上了脉管炎，一种比较难以根治的病。心想啊，患上了脉管炎的话，后半辈子怕是难以正常行走，更别提蹦蹦跳跳了。

梦的解析

李先生曾经所历所见所闻如下。

（1）李先生这段时间，出现了坐骨神经痛，白天走路挺别扭的，晚上侧身也有些不舒服。

（2）李先生试图慢慢缓解坐骨神经痛症状，晚饭后有意识慢走半小时左右，效果有一点，但不怎么明显，坐骨神经痛仍困扰着他。

（3）李先生初中读书时，学校有位工友患上了脉管炎，那一拐一瘸的样子，李先生记忆犹新。

（4）工作后，李先生住地附近有家私人专科医院，宣称用祖方来治疗脉管炎，进出这家私人医院的，多是一拐一瘸的脉管炎老病号。

（5）坐骨神经痛和脉管炎，症状上有些相似，都是一拐一瘸的。

一番梳理后，担心脉管炎的梦，是李先生曾经所历所见所闻的拼凑。李先生最近患上了坐骨神经痛，走路一拐一瘸、挺别扭的场景，为缓解坐骨神经痛症状，最近李先生晚饭后锻炼的场景，李先生初中时，看到患了脉管炎的学校工友一拐一瘸的场景，李先生住地附近是家私人专科医院，进出那家医院的多为一拐一瘸的脉管炎老病号的场景等，在梦境中与梦者拼凑在一起了。

20. 被人颐指气使的梦

昨天小学同学孙先生做了个梦，梦里他被小他十多岁的一位同事颐指气使、吆三喝四，很不舒服，问我是咋回事。

梦境

孙先生手下有位小他十多岁的同事，刚刚被提拔到其他处室担任处长。见着孙先生时，丝毫不念及旧情，不感恩孙先生曾经给予的帮助，而是劈头盖脸一番训斥，对孙先生吆三喝四。孙先生很不舒服，又碍于情面，敢怒不敢言。

梦的解析

孙先生曾经所历所见所闻如下。

（1）孙先生现在就职于省里某厅机关，是一名处级干部。某人曾是他手下的一名副处长，比孙先生年轻十多岁，近期被提拔到其他处室担任处长了。

（2）孙先生有位小他十多岁的远房亲戚，三年前就已经是副厅级干部了。年轻有为、意气风发，这位远方亲戚习惯性地颐指气使，见着孙先生时吆三喝四的，孙先生心里颇有不快。

（3）江山代有才人出，各领风骚数百年。孙先生从各种报道、纪实文章上了解到：手下年轻人总会成长起来，总会和自己平起平坐，有不少还会超越自己，成为自己的上级，这是自然规律。

一番梳理后，被人颐指气使的梦，是孙先生曾经所历所见所闻的拼凑。孙先生手下一名副处长被提拔到其他处室担任处长的场景，孙先生有位远房亲戚，年轻有为，早早就成了副厅级干部，见着孙先生吆三喝四的场景，孙先生从报道纪实文章上了解到，手下年轻人成长后便成了自己的上级的场景等，在梦境中与梦者拼凑在一起了。

21. 头婚同事成了再婚同事的梦

好友郭先生最近做了个梦，现实中明明是头婚的李先生，梦里怎么就成了再婚的李先生。郭先生觉得此梦有些蹊跷，要我帮他解解。

梦境

李先生是郭先生的同事，近些日子总在忙着上报这表那表的。李先生煞有介事对郭先生讲：这些表都很重要，按时上报了是应该的，没按时上报会被追责，要是被追责了，李先生的饭碗、收入等都会受到影响，对于再婚的李先生会是雪上加霜。

梦的解析

郭先生曾经所历所见所闻如下。

（1）同事李先生是头婚。倒是郭先生自己，20年前前妻病逝，过了5年后郭先生再婚。

（2）郭先生近期忙于上报工作，每天要求上报的表格较多，都是有时效要求的。

（3）郭先生从媒体和身边的事例了解到：这些年，问责已成为管理的常态，对于不按时完成工作的会被问责。被问责处理后，轻则收入上受到影响，重则丢掉饭碗，违法的会受到法律惩处。

（4）再婚的郭先生自己深深感觉到，一旦收入受损甚至丢掉饭碗，再婚家庭维系稳定将不是件容易的事情。

一番梳理后，头婚同事成了再婚同事的梦，是郭先生曾经所历所见所闻的拼凑。前妻病逝5年后郭先生再婚的场景，郭先生近期忙于各种上报工作的场景，郭先生从媒体和身边事例了解到的，不按时完成工作会被问责的场景，郭先生想象得到，丢掉了饭碗对再婚家庭的影响的场景等，在梦境中与同事李先生拼凑在一起了。

22. 被人中伤的梦

好友老韩最近做了个被人中伤的梦，一向谨小慎微、与人为善的他百思不得其解，要我帮他解解。

梦境

街头，有人拿着一份份材料向过往行人散发。老韩的朋友也收到了一份这样的材料，看完后找到老韩说：这里面说的是你和你的几位同事呢。不看则已，一看老韩被气歪了嘴，材料内容无中生有，用词用语到了肆无忌惮、侮辱人格的地步。

梦的解析

老韩曾经所历所见所闻如下。

（1）近两个月来，有关某单位所谓内幕的文章频频在网上出现，有的文章篇幅长达几页、十几页之多，将单位某几个人的家底亮了个底朝天，用词用语到了肆无忌惮，甚至侮辱人格的地步。

（2）老韩上街时，经常看见有人怀抱宣传单，一份份地发给过往行人。

一番梳理后，被人中伤的梦，是老韩曾经所历所见所闻的拼凑。近两个月来，某单位几个人遭遇人肉搜索，网上文章用词用语肆无忌惮，甚至到了侮辱人格地步的场景，老韩上街时，看到有人向行人一份份发送传单的场景，老韩小学时期经历过，侮辱人的场景等，在梦境中与梦者拼凑在一起了。

23. 升职梦

好友老卫日前做了个升职的梦，梦见自己到一家省级医院担任负责人，他不知道是何意思，要我帮他解解。

梦境

老卫本是一家市级医院负责人，省里一家医院负责人被调往卫生行政部门，于是就留下了空缺。老卫接到省里通知，说已完成推荐、考核、任命程序，准备升职老卫，由老卫来填补省里这家医院负责人的空缺。

梦的解析

老卫曾经所历所见所闻如下。

（1）疾病防控期间，组织部门免去了一些工作不力的管理干部的职务，留下了一些空缺。

（2）疾病防控工作中，一些冲锋在前的人员火线入党，一些敢于担当的管理者予以升职。

（3）老卫和他的同事们参加了此次疾病防控工作。

一番梳理后，老卫升职的梦，是老卫曾经所历所见所闻的拼凑。疾病防控期间，组织部门免去了一些工作不力的管理干部的职务，留下了一些空缺岗位的场景，非常时期一些敢于担当的管理者被升职的场景，老卫和同事们参加了疾病防控工作的场景等，在梦境中与梦者拼凑在一起了。

这个梦并不预示着老卫近期是否会升职，或反过来老卫是否会被问责。如此解析后，老卫释然。

24. 乱点鸳鸯梦

好友杨先生近日做了个乱点鸳鸯的梦，觉得有些奇怪，要我帮忙解解。

梦境

周日阳光明媚，杨先生自然是不想辜负这美好时光，换上运动鞋，杨先生去附近公园溜达。走进公园深处，杨先生猛然发现一对手牵手的中年人，男的是杨先生现在公司的同事，女的是杨先生十年前所在公司的同事。两家公司没有业务往来。杨先生就纳闷了：这男的和这女的各有自己的配偶，他们压根就不认识啊，怎么就走到一起了，还手牵着手？

梦的解析

杨先生曾经所历所见所闻如下。

（1）这些年，杨先生有周末去附近公园散步的习惯。

（2）这男的和这女的，分别是杨先生现在的同事和十年前的同事，杨先生对他和她很熟悉。

（3）在公园里，年轻的男女、中年男女，甚至爹爹婆婆，手牵手一起走的场景，太常见了。

（4）从电影电视里、小说中，还有旁人所说的，杨先生了解到：偶有非婚男女擦出点火花，在公园里在其他地方，牵个手说个话。

一番梳理后，乱点鸳鸯的梦，是杨先生曾经所历所见所闻的拼凑。杨先生周末去公园散步的场景，杨先生对现在的同事（他）、对十年前的同事（她）很熟悉的场景，杨先生在公园里看到男女牵手一起走的场景，杨先生从媒体上了解到有些非婚男女擦出点火花的场景等，在梦境中拼凑在一起了。

杨先生乱点鸳鸯的梦也就不那么奇怪了，不过是把其他非婚男女牵手的场景，移花接木到自己现在的同事与十年前的同事身上了。

25. 妻子委曲求全的梦

好友杜先生昨日做了个妻子委曲求全的梦，觉得不可思议，要我帮忙解解。

梦境

杜先生梦见妻子不仅出得厅堂，写得一手好字，还下得厨房，回家后抢着做家务。近些日子，妻子一脸不自然的笑容，迎接着下班的杜先生，似乎在委曲求全，刻意讨好杜先生。

梦的解析

杜先生曾经所历所见所闻如下。

（1）现实中，杜先生的妻子是一位普通女性，字写得一般，厨艺也很普通。在家里，妻子不是小媳妇般的委曲求全。

（2）妻子告诉过杜先生：和杜先生恋爱、结婚前，妻子有过一段相处了两年的感情。

（3）杜先生从媒体上了解到：2019 年 12 月中旬，国内某著名大学一女生被男友折磨到自杀，原因是该女生此前有过恋情，被现男友视为不贞。女生自杀前，极度委曲求全，称男友为主人，称自己为小狗。

（4）杜先生从媒体上了解到：一位年逾九旬的老奶奶在某医院照顾 60 多岁儿子，老奶奶借用日历纸给儿子鼓励性留言，老奶奶那可是一手好字啊。

（5）学生时代起，杜先生就知道，"出得厅堂、下得厨房"是对优秀女性的赞美，抢着做家务、微笑待先生的妻子，是能够打动先生的好妻子。

一番梳理后，妻子委曲求全的梦，是杜先生曾经所历所见所闻的拼凑。妻子和杜先生恋爱结婚前，有过一段感情的场景，杜先生从媒体上了解到某著名大学一位女生因为有过旧情被现任男友折磨到自杀的场景，杜先生从媒体上了解到一位在医院照管儿子的九旬老奶奶，有着一手好字的场景，学生时代起杜先生就知道"出得厅堂、下得厨房""抢着做家务，微笑待先生"的妻子是优秀妻子的场景等，在梦境中拼凑在一起了。

26. 刹不住车的梦

好友高先生前些日子做了个怎么也刹不住车的梦，问我是怎么回事，要我帮忙解解。

梦境

开着私家车，带着妻儿回老家，高速公路上遇到同向行驶的大货车，高先生赶快脚踩刹车板，却怎么也刹不住车。眼看着自己的小车快贴上大货车了，自己从梦中醒来了。

梦的解析

高先生曾经所历所见所闻如下。

（1）三年前购买了私家车后，高先生在清明节前后会带上妻儿，开着私家车回老家为逝去的老人扫墓。

（2）回老家现在方便了，有高速公路直达老家的县城。清明节前后，高速公路上车流量大，货车也很多。

（3）高先生在报纸上、网络上，看到过因为操作不当，或刹车失灵，而引起小车追尾大货车的报道。

一番梳理后，刹不住车的梦，是高先生曾经所历所见所闻的拼凑。三年前开始，高先生开着私家车，带着妻儿回老家的场景，高先生回老家，驾车行驶在高速公路上的场景，高先生从媒体上了解到，刹车失灵引起小车追尾大货车的场景等，在梦境中与梦者拼凑在一起了。

27. 老公出轨了的梦

好友钱先生的妻子，近日做了个钱先生出轨的梦。钱先生说，他妻子对这个梦有些担心，看我能不能帮忙解解。

梦境

钱先生有两个月没回家了。黄昏时分，钱先生的妻子在附近公园里转悠，猛然看见一个熟悉的男人和一个女人手牵着手、亲亲热热的边走边聊，这熟悉的男人居然是自己的丈夫钱先生。丈夫不回家，原来是出轨了啊。

梦的解析

钱先生的妻子曾经所历所见所闻如下。

（1）因为疾病防控，作为科主任的钱先生，年初开始一直住在医院，有两个多月没回家了。

（2）主任医师、医院学科带头人的钱先生，正值事业上升期。而他的妻子，还有一年就将从工厂退休。

（3）钱先生的妻子处在更年期，内分泌有些紊乱，担心这担心那的。

（4）钱先生的妻子从身边朋友那里听说过，从媒体上看到过，少数事业有成的男人以工作忙为由，偶尔不回家，或长期不回家，实则已经出轨了。

（5）钱先生的妻子在公园里看到过：一些夫妻或情人，手牵着手，亲亲热热的边走边聊。

一番梳理后，老公出轨了的梦，是钱先生的妻子曾经所历所见所闻的拼凑。因为疾病防控，钱先生以医院为家，两个月没回家了的场景，钱先生正处于事业上升期而他妻子即将成为一名退休工人的场景，钱先生的妻子处于更年期担心这担心那的场景，钱先生的妻子从媒体上了解到少数事业有成的男人出轨的场景，钱先生的妻子在公园里看到过夫妻或情人手牵着手的场景等，在梦境中拼凑在一起了。

钱先生说，你这番解析后，我理解了我妻子的这个梦。回去立马告诉我妻子，让她消除顾虑和担心。

28. 搀扶同事走路的梦

同事程女士近日做了个梦，梦见自己搀扶着一位比自己年长一些的同事，艰难地往目的地走去。程女士觉得这个梦有些怪异，因为现实中她从未和这位年长一些的同事一起外出走过路。她将梦境说与我听，要我帮忙解解。

梦境

周末是个好日子，和年长一些的同事周老师约好了，一起去绿道走路。走着走着，周老师说她走不动了，我便双手搀扶着周老师，放慢脚步，慢慢走向目的地。

程女士曾经所历所见所闻如下。

（1）这段时间，由于工作，程女士和梦里的那位年长一些的同事合作制作宣传板，有过较密切的接触。

（2）业余时间，程女士喜欢的运动项目是羽毛球。和自己女双搭档的刘女士，除了喜欢羽毛球，还加盟了徒步群，喜欢户外徒步。

（3）程女士从电视上看到，马拉松比赛中，一些体力不支者，被自己的好友搀扶着，一步步走向终点的画面。

一番梳理后，搀扶同事走路的梦，是程女士曾经所历所见所闻的拼凑。近段时间，工作中程女士与那位年长一些的同事一起合作的场景，程女士的羽毛球双打搭档刘女士喜欢户外徒步的场景，程女士从电视上看到的，体力不支的马拉松选手被好友搀扶着走向终点的场景等，在梦境中与梦者拼凑在一起了。

29. 开车时困意来袭的梦

同事李先生昨晚做了个梦，梦见自己在高速公路上开车时，困意来袭。怎么会做这样的梦呢，李先生纳闷，要我帮忙解解。

梦境

和朋友相约外出，李先生驾驶在高速公路上。车开着开着，李先生就渐渐犯困，好想闭上眼睛休息会儿。李先生知道，高速公路上驾驶时是不能闭眼休息的，于是拼命地睁着眼睛，恨不得拿根火柴棍子将眼皮顶着。

梦的解析

李先生曾经所历所见所闻如下。

（1）李先生有着 20 多年驾龄，5 年前的一天下午，市内驾驶时，中午没有打盹儿的李先生困意来袭，很疲倦也很危险。自那以后，只要下午开车，李先生中午总要休息半个小时左右。

（2）这些年来，李先生从手机从报纸从朋友口中，知道少数人高速公路上疲劳驾驶，有的甚至酿成车祸。

（3）李先生从媒体上得知，有人为了应对困意，用手将眼皮撑开。

（4）李先生看过报道，有的仪仗队队员为了双目有神、双腿绷直，练习时，用火柴棍撑开眼皮，用沙袋绑在腿上。

一番梳理后，开车时困意来袭的梦，是李先生曾经所历所见所闻的拼凑。5 年前，市内开车时李先生困意来袭的场景，李先生从手机等渠道了解到的疲劳驾驶酿成车祸的场景，李先生从媒体上得知有人困意来袭时用手将眼皮撑开的场景，李先生看过报道有仪仗队队员为了双目有神，用火柴棍撑开眼皮的场景等，在梦境中与梦者拼凑在一起了。

30. 熟人装作不认识的梦

同事彭女士近日做了个梦，梦见自己曾有恩于对方的一位熟人，大庭广众下居然装作不认识自己。彭女士觉得蹊跷，请我帮忙解析。

梦境

参加一个几十人的聚会，彭女士见到了一位熟人。几年前，这位熟人遭难时，彭女士出钱出力，帮这位熟人渡过了难关，让她重整旗鼓。几年后再次重逢，彭女士热情伸出右手，准备和她握手问候，哪知，她居然装作不认识彭女士，丝毫不理会彭女士伸出的手，侧过身子从彭女士旁边快速离开。

梦 的 解 析

彭女士曾经所历所见所闻如下。

（1）彭女士和她是熟人，数年前帮助过遭难时的她。

（2）彭女士听说过，也从媒体上看到过相关报道，少数人不但不心存感激，而且对曾经有恩于己的人落井下石。

（3）彭女士看过报道，有少数人是踩着他人肩膀往上爬，当你对他有帮助有价值时，他和你交往。当你失去了利用价值后，在他眼里，你就一钱不值。

一番梳理后，熟人装作不认识的梦，是彭女士曾经所历所见所闻的拼凑。彭女士在那位熟人遭难时伸出援手的场景，彭女士听说过少数人不心存感激的场景，彭女士看过报道，有少数人是踩着他人肩膀往上爬的场景等，在梦境中与梦者拼凑在一起了。

31. 帮忙购物的梦

好友李先生近日做了个梦，梦见他的同事帮他买来的东西，居然是吊唁答谢物品。李先生觉得很怪，要我帮他解解。

梦 境

李先生在单位 24 小时值班，沐浴露、洗发水快用完了。李先生委托科室同事顺便帮他买回洗发沐浴用品。同事回来了，给李先生带来的是一个透明塑料袋，里面有一块香皂、一条毛巾和一包香烟。"这不是吊唁答谢物品吗?"李先生大为不解。

梦 的 解 析

李先生曾经所历所见所闻如下。

（1）单位安排24小时值班，李先生是值班人员之一。

（2）一段时间后，李先生的洗发沐浴用品快用完了，需要补充了。

（3）李先生和同事们关系友好，经常相互帮忙代购点东西。

（4）李先生了解到：人去世后，有亲朋好友前往看望家属、安慰家属，亡人被火化被安葬后，家属会答谢那些亲朋好友，物品就是一个透明塑料袋，里面一块香皂、一条毛巾。讲究一点的家属，还会在袋子里放入一包香烟。

（5）前一个月左右，李先生还去吊唁过一位朋友的老人。

一番梳理后，帮忙买来吊唁答谢物品的梦，是李先生曾经所历所见所闻的拼凑。最近李先生参加单位24小时值班的场景，李先生在单位值班，洗发沐浴用品快用完了的场景，李先生和同事们相互帮忙、代购点东西的场景，李先生了解到吊唁答谢物品通常是一块香皂、一条毛巾的场景，前不久李先生还去吊唁过一位老人的场景等，在梦境中与梦者拼凑在一起了。

32. 爸爸遇险的梦

好友的女儿小杨一晃已经30岁了，前几天遇见了小杨，说道起小杨和她爸爸二十几年前的往事。小杨说，7岁前后她多次梦见她爸爸遇险了。"为什么有那样的噩梦呢"，小杨要我帮她解解。

梦境

小学一年级到二年级，小杨有过好几次相似的梦。梦里，爸爸要么是被坏人抓走了，我怎么也找不到爸爸。要么是爸爸得了重病，无论我怎么哀求医生，也回天无力。要么是爸爸遭遇车祸了，在医院里抢救，却怎么也难以抢救过来。

梦 的 解 析

小杨曾经所历所见所闻如下。

（1）小杨 5 岁那年，妈妈因病去世了，留下小杨和爸爸相依为命。

（2）6 岁小杨开始上小学，看见同学们都有爸妈接送，自己只有爸爸，有些担心，万一哪天爸爸也不在了，那就更孤单了。

（3）7 岁前后，小杨在电视里看到过，有的小孩没有了妈妈，后来又没有了爸爸，成了孤儿。

（4）7 岁前后，小杨听过并且会唱一首歌"泥娃娃泥娃娃，一个泥娃娃，……我做她爸爸，我做她妈妈，永远爱着她"。想象得到，没有爸妈的泥娃娃会是多么伤心。

（5）7 岁前后，小杨从电视上、书本上得知，被坏人抓走，或是得了重病，或是遭遇了车祸，都可能让亲人丧命。

一番梳理后，小杨 7 岁前后爸爸遇险的梦，是小杨当时所历所见所闻的拼凑。小杨 5 岁开始与爸爸相依为命的场景，小杨上小学时看到其他同学有爸妈接送，担心爸爸不在了自己就更不幸了的场景，小杨 7 岁前后学唱了《泥娃娃》的歌，知道没有爸妈的泥娃娃是多么伤心的场景，7 岁前后的小杨从电视、书本上知道，被坏人抓走，或是得了重病，或是遭遇车祸等，都可能让亲人丧命的场景等，在梦境中与梦者拼凑在一起了。

听完我的解析，小杨说：叔叔你说得有道理，我释然了，不再为当时的噩梦迷惑不解了。

33. 驾车追尾的梦

好友老卫上午打来电话，说他昨晚做了个梦，梦见自己驾车追尾了，将前方车辆撞得比较惨。老卫担心这个梦会不会预示着什么不好的东西，要我帮他解解。

梦境

老卫驾车经过一上坡处，前方车流行驶缓慢，本该点刹降速的他，鬼使神差地一脚踩在了油门上，只听得"呼"的一声，追尾了。下车一看，前方车辆的尾部被撞得散了架。

梦的解析

老卫曾经所历所见所闻如下。

（1）6年前的一个晚上，老卫和朋友小聚、饮酒，抱着侥幸心理，老卫驾车回家，途中遇到查酒驾的交警，老卫被抓了个现行。属于酒后驾车，一次性扣除 12 分。老卫对这次违法驾驶，记忆深刻。

（2）老卫所在的江城，上坡下坡路段较多，上坡路段车流缓慢很正常。

（3）老卫的羽毛球双打搭档老陈，一次在停车场准备停车时，错把油门当刹车，结果"嗖"的一下冲向停车场旁的大树，大树的皮被撞掉了一大块，私家车车头凹进去了不少。老卫当时就在车上，目睹了整个过程。

（4）老卫驾车多年，道路上追尾的场景见过不少，一些被追车辆尾部被撞得惨兮兮的。

一番梳理后，驾车追尾的梦，是老卫曾经所历所见所闻的拼凑。

6 年前老卫酒后驾车被抓了个现行、心有余悸的场景，老卫所在城市坡路较多，上坡路段车流缓慢的场景，老卫的羽毛球双打搭档老陈，停车时错把油门当刹车的场景，老卫在道路上看到过多起汽车追尾后车辆损失惨重的场景等，在梦境中与梦者拼凑在一起了。

34. 给自己剃了个光头的梦

好友李先生说他昨日做了个梦，梦见自己给自己剃了个光头。李先生怕这个梦有什么不吉利的，要我帮忙解解。

梦境

封控在家两个多月，李先生的头发老长老长的，不舒服。没有地方可以理发，咋办呢？李先生想起家里的一把剃头推子，那是年前女婿从网上花了 70 元钱购买的。李先生对着镜子有板有眼地给自己理了发。前几下推得还可以，还留下了两三厘米长的头发。接下来的一推子，将头发齐头皮推掉了，出现了一大块"斑秃"，很不雅观。一不做二不休，李先生将所有头发齐头皮推掉，给自己剃了个光头。

梦的解析

李先生曾经所历所见所闻如下。

（1）从元月 23 日开始，李先生遵从要求，封控在家两个多月，直至三月底可以出门上街。

（2）疫情期间，李先生从微信朋友圈上了解到，有一些购买了剃头推子的家庭，相互给家庭成员剃头，或自己给自己剃头。

（3）年前，李先生听同事说过，同事家女婿从网上买过剃头推子，他女婿经常自己给自己剃头。

（4）李先生小时候见过实习理发师理发场景，将小孩的头理得高低不齐，最后只得理成光头了事，引来围观的小伙伴们哈哈大笑。

一番梳理后，自己给自己剃了个光头的梦，是李先生曾经所历所见所闻的拼凑。李先生被封控在家两个多月的场景，李先生从微信朋友圈了解到有些家庭购买了剃头推子，自己给自己剃头的场景，李先生听同事说起过，同事的女婿经常自己给自己剃头的场景，李先生小时候见过实习理发师手艺不佳，最后将小孩子理成了个光头的场景等，在梦境中与梦者拼凑在一起了。

35. 球衣齐腰扎进球裤的梦

同事陶先生近日做了个梦，梦见自己只有 10 岁左右，将球衣齐腰扎进球裤。50 多岁的陶先生觉得这个梦很怪异，说给我听，要我帮忙解解。

梦境

陶先生成了 10 岁左右的男孩，穿着球衣球裤，煞有介事地将球衣齐腰扎进球裤里，像电影《长江七号》里的小狄模样。

梦的解析

陶先生曾经所历所见所闻如下。

（1）陶先生通过电影频道，两次观看了周星驰、徐娇等主演的科幻电影《长江七号》，对徐娇饰演的小男孩小狄印象深刻。电影里，10 岁左右的小狄经常是短袖上衣齐腰扎进校服短裤的形象。

（2）陶先生的儿子小学阶段，经常穿着球衣球裤。早上陶先生送儿子出门前，习惯性地帮儿子把球衣齐腰扎进球裤里，整整齐齐的，儿子显得精神十足。后来，儿子只要穿球衣球裤，就会将球衣齐腰扎进球裤里。

（3）陶先生小时候很喜欢球类运动，可惜买不起足球篮球，也买不起球衣球裤。每次看见穿着球衣球裤的同学，小时候的陶先生总是很羡慕。

一番梳理后，球衣齐腰扎进球裤的梦，是陶先生曾经所历所见所闻的拼凑。陶先生两次观看了科幻电影《长江七号》，影片中小男孩小狄短袖上衣扎进校服短裤的场景，陶先生送儿子上小学时，习惯性帮儿子把球衣扎进球裤的场景，陶先生小时候很喜欢球类运动，可惜家里买不起足球篮球，也买不起球衣球裤的场景等，在梦境中与梦者拼凑在一起了。

36. 汽车后轮被草缠住的梦

同事老辛昨日做了个梦，梦见自己的私家车后轮被草缠住了。老辛觉得有些怪异，说给我听，要我帮忙解解。

梦境

老辛发动私家车，准备外出办事。没走几米远，就感觉到轮子被什么缠住了，不得力。加大油门，想挣脱束缚，仍无法前行。下车一看，后轮子被上百根稻草严严实实缠绕着，阻止了轮子转动。

梦的解析

老辛曾经所历所见所闻如下。

（1）20世纪70年代，老辛在农村见过机耕的小手扶拖拉机。机耕一段时间后，小手扶拖拉机的两个轮子容易被稻草缠住。这时，驾驶人员得停下来，一点点将稻草反向拉出，轻装上阵后的小手扶拖拉机又可以机耕了。

（2）三年前，老辛买了一部车，跨入了有车一族行列。

对老辛曾经所历所见所闻进行梳理，老辛的梦境不过是小时候见过的机耕场景，张冠李戴到老辛现在的私家车上，是他所历所见所闻的拼凑。

一番解析后，老辛说：是这么回事。

37. 被上司训斥的梦

好友老伍昨日做了个梦，梦见自己被上司一番训斥。老伍觉得有些怪异，说给我听，要我帮忙解解。

梦境

老伍的上司一向性格温和，很少训斥人。那天，上司走到老伍办公桌前，给老伍安排一项工作。老伍正准备就该项工作作点说明，上司突然提高嗓门，训斥起老伍来：你应该无条件服从，执行过程中有问题再说。老伍灰头灰脑的，很不舒服。

梦的解析

老伍曾经所历所见所闻如下。

（1）最近两三个月，老伍看到媒体报道过，某单位领导大声训斥手下职工，手下职工觉得很委屈。

（2）老伍的直接上司，性格温和，对手下员工很好，从没当面训斥过员工。

将老伍所历所见所闻梳理后，老伍梦境中，将媒体上报道的那位喜欢训斥人的领导，张冠李戴成了自己的上司。

听完解析，老伍说：原来是这样啊。我理解了，不再觉得怪异了。

38. 摘枇杷治咳嗽的梦

好友老史近日做了个梦，梦见自己快60岁的人，居然上树去摘枇杷，靠吃枇杷来治疗咳嗽。老史觉得这个梦有些怪异，说给我听，要我帮忙解解。

梦境

老史看见居住的小区内有几棵硕大的枇杷树，上面结满了黄澄澄的枇杷，煞是诱人。老史连鞋子都不脱，双手抓住树干树枝，就上了枇杷树。摘下十几颗枇杷后，老史回家用水冲洗干净，撕开枇杷外皮，吃了起来。十几颗枇杷下肚，老史咳嗽的毛病也好了。

梦的解析

老史曾经所历所见所闻如下。

（1）老史少儿时期，在端午节前后，经常上树摘桃子摘李子，爬树摘果对老史是轻车熟路。

（2）近几年来，每年五月份，老史总能看见小区内的孩子们，爬上小区的枇杷树，去摘枇杷。

（3）老史有着30多年的吸烟史，有慢性咽喉炎，白天晚上咳嗽是常有的事。

（4）老史从保健书上了解到，枇杷有止咳功效。

（5）咳嗽难忍时，老史去看医生，医生开具的药方中，就有枇杷止咳露。

一番梳理后，摘枇杷治咳嗽的梦，是老史曾经所历所见所闻的拼凑。老史少儿时期上树摘果子的场景，近几年来老史居住的小区小孩们上树摘枇杷的场景，老烟枪的老史白天晚上咳嗽的场景，老史从保健书上看到枇杷有止咳功效的场景，老史去医院看病时，医生为咳嗽的老史开具枇杷止咳露的场景等，在梦境中与梦者拼凑在一起了。

39. 死鸡子焖着吃的梦

好友老杜近日做了个梦，梦见自己将死鸡子焖着吃。老杜觉得这个梦不可思议，说给我听，要我帮忙解解。

梦境

老杜梦见自家鸡笼子里十几只鸡子，一夜之间莫名其妙全死光了。大锅烧了开水，老杜将这些死鸡子用开水淋过，拔毛、剁块后，放入锅中，浇上酱油后焖着吃。

梦的解析

老杜曾经所历所见所闻如下。

（1）40多年前，老杜生活在乡村。那时的乡村，几乎每家每户都有个鸡笼，几乎每家每户都会养上一二十只，甚至更多一点的鸡子。母鸡下蛋，鸡蛋可以用来换回村童们的练习本和村民们需要的食盐，村民们亲切称母鸡为"鸡屁股银行"。不幸的是，乡村偶尔会流行鸡瘟，一旦鸡瘟出现，村民家鸡笼子里的鸡子一夜之间就可能全部死光。

（2）那时缺衣少食，鸡子死去后，村民们舍不得丢弃，熬制鸡汤是不可能的了。村民们用开水淋过鸡子，拔掉鸡毛，剁成块状后，放入锅中，淋上酱油，焖上大半个小时后，死去的鸡子就成了村民们口中食。村童们开心地吃着鸡肉，大人们心里却不是个滋味。

一番梳理后，死鸡子焖着吃的梦，是老杜曾经所历所见所闻的拼凑。40 多年前，老杜生活在乡村，乡村一旦出现鸡瘟，一二十只鸡子一夜之间就可能全部死光的场景，老杜亲眼看见过，缺衣少食的村民们将发瘟后死去的鸡子红烧着吃的场景。

40. 师傅打麻将的梦

好友老齐最近做了个梦，梦见阔别已久的师傅，带着几位曾经的徒弟们打起麻将来。老齐的记忆里，师傅可是从不打麻将的。老齐觉得这个梦有些蹊跷，说给我听，要我帮忙解解。

梦境

老齐见到了 30 年前的张师傅，30 年前老齐在工厂当学徒，工种是钣金工，带教老齐和另外三位学徒的就是这位张师傅。阔别 30 年后师徒再相会，老齐很兴奋，张师傅也很开心。寒暄过后，以前不抽烟不喝酒不玩牌的张师傅对老齐说：叫上另外三位（曾经的学徒），喝点小酒后，我们找个地方去打麻将。

梦的解析

老齐曾经所历所见所闻如下。

（1）30 年前，张师傅带过包括老齐在内的四位学徒，学习钣金技术。

（2）师徒一别 30 年了，老齐心底里还是很想念张师傅的。

（3）最近几年，老齐身边每每有阔别 20 年、30 年的师徒再相逢、同学再相会的情况出现。师徒再相逢、同学再相会，常见的做法就是，先找家饭馆喝点小酒，吃个团聚饭，然后找个地方嗨歌或打麻将。

一番梳理后，师傅打麻将的梦，是老齐曾经所历所见所闻的拼凑。老齐的梦境中，将别的师徒再相逢的场景，张冠李戴成了自己和张师傅阔别 30 年后的再相逢，将别的师徒再相逢后打麻将的场景，换成了张师傅张罗师徒们一起打麻将。

如此解析后，老齐不再觉得这个梦境有什么蹊跷的了。

41. 公公与儿媳妇相互埋怨的梦

老同事老项昨晚做了个梦，梦见那家熟悉的门窗店老板居然和他儿媳妇相互埋怨、扯起皮来。梦境中，老板的儿媳妇居然胖乎乎的。现实中，可不是这样的啊。老项觉得这个梦有些蹊跷，无法理喻，说给我听，要我帮忙解解。

梦境

上班途中，路过那家熟悉的门窗店铺，看见公公和儿媳妇在扯皮。公公指责儿媳妇非但自己吃得多、长得胖，还把两岁大的孙子养得太胖，走路都走不动。儿媳妇埋怨公公不帮忙照料孙子，别人家的公婆可是既照料孙子生活，又启蒙孙子教育的。

梦的解析

老项曾经所历所见所闻如下。

（1）老项居住地有一排店铺，其中一家定做门窗。因为在这家店铺定制过两扇门窗，老项和店铺老板渐渐熟悉起来。老板家的儿媳妇，做事很泼辣，既帮店铺做门窗，又照管孩子、洗衣做饭，是老板家的好帮手。

（2）隔壁玻璃店铺老板是位精瘦的小伙子，小伙子的媳妇很有些胖，小伙子两三岁大的儿子也胖嘟嘟的。

（3）最近一段时间，老项听到了好几起婆媳扯皮的事，大体是，婆婆说媳妇只吃不做，还到处乱扔，媳妇说婆婆不管孩子教育。

一番梳理后，公公与儿媳妇相互埋怨的梦，是老项曾经所历所见所闻的拼凑。老项的梦境中，将婆媳扯皮的事，张冠李戴到和睦相处的门窗店老板和儿媳妇头上，将玻璃店铺老板那胖乎乎的媳妇、胖乎乎的儿子，张冠李戴到门窗店老板的儿媳妇和孙子头上。

如此解析后，老项不再觉得梦境怪异，理解了这个梦。

42. 天花板上聚集蚊虫的梦

好友老漆最近做了个梦，梦见父母居住的房子天花板上聚集了好多蚊虫。老漆觉得这个梦挺怪异的，说给我听，要我帮忙解解。

梦境

老漆的妹妹通过微信给老漆发来一张照片，留言说：父母居住的老旧房子天花板上聚集了好多蚊虫，要老漆得空时去看看，能不能想办法灭一下虫害。

梦的解析

老漆曾经所历所见所闻如下。

（1）老漆的父母居住在一幢老旧房子的顶楼，前两年，老人的住房楼顶渗水，雨水沿着天花板和墙面往下渗，天晴后，渗水处出现了黑色的霉斑。请来防水施工人员维修后，这两年房屋不再渗水了。

（2）老漆上班的地方在郊区，靠近湖水边，那里白天蚊虫多，晚上蚊虫更猖獗。晚上走路的话，蚊虫扑面而来，伸手一抓，十几只蚊虫就在掌中。

（3）老漆和妹妹虽年逾五旬，但都学会了使用微信。利用微信交流，发个图片留个言，不在话下。

（4）父母的三个孩子中，老漆离父母住地最近，平常看父母也多一些。

一番梳理后，天花板上聚集蚊虫的梦，是老漆曾经所历所见所闻的拼凑。老漆梦境中，将上班地方黑压压的蚊虫，与父母住房天花板上曾经的霉斑，张冠李戴了。

如此解析后，老漆不再觉得这个梦境怪异。

43. 找袋子装萝卜的梦

同事阿辛昨晚做了个梦，梦见自己找袋子装几个萝卜，阿辛觉得这个梦有些怪异，说给我听，要我帮忙解解。

梦境

阿辛到一处被人遗弃的菜地，发现了半露出地面的萝卜。阿辛向上一拔，萝卜出土了。硕大的萝卜，上面还有翠绿欲滴的萝卜叶，煞是可爱。阿辛一连拔了七八个大萝卜，怎么带回家却成了问题。想啊想，阿辛将双肩包打开，里面有一个大的塑料袋，用来装换洗衣服的。阿辛将换洗衣服取出，装进双肩包里。空出来的塑料袋，正好用来盛放萝卜。

梦的解析

阿辛曾经所历所见所闻如下。

（1）阿辛小时候生活在农村，见到过一些被遗弃的菜地，里面居然还零零星星生长着些许蔬菜。

（2）阿辛小时候有过去菜地拔萝卜的经历，萝卜一小截露出地面，上面还带着绿绿的叶片。

（3）上班后，阿辛习惯于背着一个双肩包，里面会放置一两个塑料袋备用。

一番梳理后，找袋子装萝卜的梦，是阿辛曾经所历所见所闻的拼凑。阿辛小时候在农村看到废弃的菜地里零零星星长着些许蔬菜的场景，阿辛小时候拔萝卜的场景，阿辛上班时背着个双肩包，包里放置一两个塑料袋备用的场景等，在梦境中与梦者拼凑在一起了。

44. 送小男孩回家的奇遇梦

好友老杜昨晚做了个梦，梦见自己送一名四五岁大的小男孩回家，然后经历了系列事情，老杜觉得这个梦很是怪异，说给我听，要我帮忙解解。

梦境

老杜坐公交车上班途中，遇到一名四五岁大的男孩，男孩外出玩耍，玩着玩着就找不到家了。热心的老杜几经周折，在晚饭前将男孩送回了家。

男孩家居住在顶楼阁楼上，很狭小。除了男孩，家里还有一位40多岁的妇女，一位20多岁的男子。妇女自我介绍她是小男孩的妈妈，男子是小男孩的哥哥。正好赶上小男孩家准备吃晚饭，妇女留老杜在他们家吃饭，饭桌上有两碗菜，一碗是篙巴炒肉，一碗是四季豆。老杜推托不掉，就拿出手机扫了扫妇女的手机，支付了15元钱，算是饭钱。

梦的解析

老杜曾经所历所见所闻如下。

（1）30多年前，老杜还是20岁出头的小伙子时，公交车上遇到了一位四五岁大的迷童，热心的老杜将他送到迷失儿童收容所。

（2）20多年前，一部电视连续剧《孽债》很火，老杜记忆犹新：几位下乡知青返回上海后，居住的地方就是狭小的顶楼阁楼。

（3）上周周末，老杜在家做饭，做的菜是一碗篙巴炒肉和一碗四季豆。

（4）去年开始，老杜学会了使用微信和支付宝，买个早点，买点菜，老杜习惯了用手机扫一扫。

一番梳理后，送小男孩回家的奇遇梦，是老杜曾经所历所见所闻的拼凑。30多年前老杜将一名迷童送往收容所的场景，20多年前老杜收看了电视连续剧《孽债》，几位知青返城后居住的是顶楼阁楼的场景，上周老杜在家做饭，做出的菜是篙巴炒肉和四季豆的场景，去年开始老杜学会了扫一扫，能够移动支付的场景。

老杜说，经你这么解析，奇遇梦不难理解了。

45. 公司给员工发钱的梦

在一家私企上班的好友老李，昨晚做了个梦，梦见公司近期准备给员工发钱，每个员工能拿到手的数额还不小。老李所在私企经营状况不好，给员工支付当月薪水已勉为其难，怎么会突然给员工发放那么多钱呢。老李觉得这个发钱的梦有些怪异，说给我听，要我帮忙解解。

梦境

老李所在公司的财务部门正在造册，准备给员工发钱，有当月薪水，有上半年绩效，有去年年度绩效，三项加起来，每个员工能拿到手的钱还真不少。钱还未到手，不少员工开始盘算着怎么使用，有的打算提前偿还房贷，有的准备买辆汽车，有的准备带着家小去周边国家旅游。

梦的解析

老李曾经所历所见所闻如下。

（1）老李有位高中同学，现就职于一家大型股份制企业。老李知道这家企业员工很辛苦，"5＋2""白加黑"干活，但员工拿到手的钱也很可观，除了每个月有薪水，企业还会向员工发放半年绩效、全年绩效之类。

（2）老李身边有一些年轻同事，手头有钱后，要么考虑提前还房贷，或买车，要么打算带着家小去旅游。

一番梳理后，公司给员工发钱的梦，是老李曾经所历所见所闻的拼凑。老李的梦境中，高中同学所在企业的高工资高福利情况，张冠李戴到老李就职的私企上了。

46. 遇见抬棺队伍的梦

好友阿峰昨晚做了个梦，梦见一支抬着棺材准备下葬的队伍。阿峰觉得这个梦怪异，担心是否预示着什么。阿峰将梦境说给我听，要我帮忙解解。

梦境

阿峰快步行走在乡村小路上，走着走着，赶上了一群人。定睛一看，是一支抬着棺材准备下葬的队伍。队伍中的人都头戴白布、腰缠白带，棺材由8个人抬着，合着凄凉的唢呐声缓缓前行。

梦的解析

阿峰曾经所历所见所闻如下。

（1）阿峰高中时在县一中上学，周末时，为了省钱，阿峰约上两三位同村伙伴，步行三个小时左右时间回家。为了赶在天黑前到家，阿峰和伙伴们近乎是在乡村小路上急行军。

（2）现年50多岁的阿峰，小时候有好几次见过村民抬着逝者的棺材下葬的场景。

一番梳理后，遇见抬着棺材队伍的梦，是阿峰曾经所历所见所闻的拼凑。阿峰高中读书时期和伙伴们在乡村小路上急行军的场景，阿峰小时候几次看见过村民抬着逝者棺材下葬的场景，在梦境中与梦者拼凑在一起了。

如此解析后，阿峰释然了，他不再担心这个梦境有什么预兆了。

47. 龙眼瞪着阿成的梦

朋友阿成前段时间做了个梦，梦见一龙头瞪着自己。阿成觉得这梦不可思议，他将梦境说与我听，要我帮忙解解。

梦境

晚上，阿成梦见一龙头高高在上，用眼睛瞪着自己。

梦的解析

阿成曾经所历所见所闻如下。

（1）在科幻片里、在西安电视塔前，阿成见过人们仿造的恐龙。仿造的恐龙那高高在上瞪着游客的双眼，那大幅度摆动的身躯，阿成记忆犹新。

（2）学生时代，老师提问，被点到名的阿成站立着。老师站在高出地面的讲台上，眼睛瞪着阿成，等候阿成回答提问。

（3）工作后，领导发问，并瞪着阿成，等候阿成的解释与回答。

一番梳理后，龙眼瞪着阿成的梦，是阿成曾经所历所见所闻的拼凑。阿成见过仿造的恐龙，仿造恐龙那高高在上的双眼瞪着游客的场景，学生时代老师站在高出地面的讲台上瞪着眼睛等候阿成回答提问的场景，工作后领导瞪着眼睛等候阿成的解释与回答的场景等，在梦境中与梦者拼凑在一起了。

48. 受邀上台发言的梦

好友阿江昨晚做了个梦，梦见自己受邀上台发言。

梦境

阿江参加单位活动，受邀讲话。拿出准备好的稿子，照本宣科念了一两分钟，台下吵吵闹闹，没人听他发言。阿江干脆收起讲话稿，即兴发挥起来，讲那些有血有肉的鲜活事例。这几分钟时间，台下人员鸦雀无声，都瞪着双眼，认真听他发言。

梦的解析

阿江曾经所历所见所闻如下。

（1）工作原因，阿江有过几次应邀上台发言的机会。

（2）单位活动中，台上人照本宣科讲话时，坐在台下的阿江发现，台下要么吵吵闹闹，要么各自忙乎各自的，少有人认真听讲的。

（3）阿江从电影中看到，讲话者所讲全是干货，都是有血有肉的鲜活事例时，最能打动听者，听者会聚精会神、认真听讲。

一番梳理后，阿江受邀上台发言的梦，是阿江曾经所历所见所闻的拼凑。阿江有过几次上台发言的场景，阿江单位活动中，台上人照本宣科时，台下吵吵闹闹，少有人认真听讲的场景，阿江电影中看到过，讲话者所讲全是干货时，听者聚精会神地听的场景等，在梦境中与梦者拼凑在一起了。

49. 老婆要生孩子了的梦

好友阿杨昨晚做了个梦，梦见自己的老婆马上要生小孩了。要知道，阿杨的老婆已经55岁了啊，梦境怎么会这样呢。阿杨将梦境说与我听，要我帮忙解解。

梦境

下个月，老婆就要生小孩了，阿杨忙着联系医院，准备小孩的衣服等。例行产前检查时，医生发现阿杨的老婆有子宫肌瘤，建议阿杨的老婆在生小孩后，将子宫肌瘤手术做了。

梦的解析

阿杨曾经所历所见所闻如下。

（1）下个月，阿杨的儿媳妇要生小孩了。阿杨和老婆最近忙着迎接小生命，准备小孩衣服啊，购置小孩睡床啊之类。

（2）半年前，阿杨带着老婆上医院健康检查时，医生告知他俩：阿杨的老婆有子宫肌瘤，为避免症状继续发展，建议对子宫肌瘤实施手术治疗。

一番梳理后，55岁的老婆要生孩子了的梦，是阿杨曾经所历所见所闻的拼凑。阿杨的儿媳妇要生孩子了，全家为迎接小生命而准备着的场景，半年前阿杨的老婆健康检查时发现患有子宫肌瘤，医生建议手术治疗的场景等，在梦境中拼凑在一起了。

50. 老人跛着腿追赶的梦

同事老余近日做了个梦，梦见年过八十的老父亲跛着腿追赶自己。

一周前，老余喜得孙女。老父亲知道后，很是开心，托老余两口子带个红包给曾孙女。老余两口子说：您老的心意我们一定带到，钱就不收了，您留着自己买点想吃的。说罢，老余将红包还给老父亲。老父亲见老余两口子要离开，着急起来，跛着腿，在后面追赶老余两口子。看到老父亲那难受的样子，老余两口子于心不忍，停下了脚步。

梦的解析

老余曾经所历所见所闻如下。

（1）半年前，老余喜得孙女。50 多岁的老余升级做了爷爷，80 多岁的老父亲升级做了曾爷爷，四代同堂，老父亲很开心。

（2）老父亲退休金不高，但省吃俭用，攒下一点点钱后，春节时就以红包形式送给娃们交学费。

（3）三年前，老余的老父亲摔了一跤，股骨颈断裂，做了股骨头置换手术，留下了一走一跛的毛病。

一番梳理后，老人跛着腿追赶的梦，是老余曾经所历所见所闻的拼凑。半年前老余喜得孙女，老余的老父亲升级做了曾爷爷的场景，老父亲省吃俭用，攒下来的退休金给娃们发红包的场景，三年前老父亲骨折后手术，留下了一走一跛毛病的场景，在梦境中拼凑在一起了。

51. 前往俄罗斯闯荡的梦

同学老刘近日做了个梦，梦见同事阿城只身闯荡俄罗斯。

老刘的要好同事阿城，因为买房子差钱，找老刘借了45万元，答应5年内还清借款，每年还款9万元。三年过后，阿城已经偿还了27万元。等到第四年时，阿城来老刘处，交给老刘9万元，然后只身前往俄罗斯寻找赚钱的机会，来归还最后的借款。

梦的解析

老刘曾经所历所见所闻如下。

（1）32年前，老刘大学时的一位同学准备只身闯荡澳大利亚。老刘侠肝义胆，将工作一年攒下的2000元钱全部借给了这位准备出国发展的同学。

（2）近20年来，老刘同事中，自己首付一部分、找亲戚朋友借款一部分、从银行贷款一部分来买房子的不在少数。

（3）老刘从媒体上得知，近些年来，国内有一些人前往俄罗斯做生意，有的还赚了些钱。

一番梳理后，前往俄罗斯闯荡的梦，是老刘曾经所历所见所闻的拼凑。32年前老刘将攒下的钱全部借给出国发展的同学的场景，近20年来老刘的一些同事借款买房的场景，老刘从媒体上了解到一些人前往俄罗斯做生意的场景等，在梦境中拼凑在一起了。

52. 炼猪油的梦

同学老高昨日做了个梦，梦见50多岁的自己在家里炼猪油。

梦境

在超市购物时，老高一眼看见了冷柜中的猪板油，"那可是炼猪油的上好材料啊"，老高心里想着。选取一大块猪板油，工作人员放到电子秤上一称，有 5 斤多重。回到家中，老高拿出砧板和刀，将猪板油切成一小块一小块，打开煤气灶，在铁锅里有模有样炼猪油。

梦的解析

老高曾经所历所见所闻如下。

（1）40 多年前，春节将至，老高家杀年猪，猪两肋内有着两大块板油。老高看着母亲将板油切成小块后，在大锅里炼猪油。

（2）老高现在居住的小区，前面有一排小吃店，老高下班路过店面时，偶尔看见一些店老板买来猪板油炼油。

（3）在家里，老高负责掌勺，老伴帮忙理菜、洗菜。遇到前腿猪肉、后腿猪肉时，老高会将肥猪肉切小后，先炼油再炒菜。

一番梳理后，炼猪油的梦，是老高曾经所历所见所闻的拼凑。40 多年前老高的母亲炼猪油的场景，现如今老高居住地附近店铺老板炼猪油的场景，平时在家里老高用肥肉炼油的场景等，在梦境中与梦者拼凑在一起了。

53. 疏通下水道的梦

好友老赵近日做了个梦，梦见自己帮大哥家疏通下水道。

梦境

周末时间，老赵去大哥家。午饭时间，大哥家厨房的下水道堵塞了。老赵自告奋勇，找来疏通钢丝，卷起袖子干起活来。一刻钟左右时间，下水道畅通了。

梦的解析

老赵曾经所历所见所闻如下。

（1）老赵兄弟三人，上有大哥，下有妹妹，成家后 30 多年时间，兄妹三家相互走动频繁，关系很好。

（2）半年前，老赵自家厨房下水道堵塞。老赵买了根疏通神器——两米长的钢丝管，边转动把手，边一点点将钢丝往下水道送。15 分钟左右时间过去了，两米长的钢丝全部进入下水道，随着"哗啦啦"流水声，堵塞的管道疏通了。

一番梳理后，帮大哥家疏通下水道的梦，是老赵曾经所历所见所闻的拼凑。30 多年来老赵和哥哥、妹妹三家走动频繁的场景，半年前老赵自家厨房下水道堵塞，老赵用钢丝管转动 15 分钟左右后，堵塞的管道疏通了的场景等，在梦境中拼凑在一起了。

54. 孙子提前出生的梦

好友老杜昨日做了个梦，梦见儿媳妇预产期提前了，孙子比预期提前了 20 多天出生。

梦境

儿媳妇怀孕了，隔段时间就去医院产检。怀孕 9 个月左右，去产检时，产科大夫告诉儿子和儿媳妇：开始出羊水了，马上就要生了，得抓紧办理入院。两个小时不到，儿媳妇就顺利生产了。

梦的解析

老杜曾经所历所见所闻如下。

（1）老杜的儿媳妇 5 个月前怀孕了，离预产期还有 4 个多月。

（2）怀孕后，老杜的儿子陪着儿媳妇，每半个月左右去医院做一次产前检查。

（3）老杜从报纸和电视新闻上得知，并不都是"十月怀胎"。

这样那样原因，有提前出生的早产儿，有的早产儿体重只有 500 克左右。

（4）老杜从科普文章上了解到，新生儿降临前，羊水先破裂、流出，新生儿先露头，后出脚，方可顺产。

一番梳理后，孙子提前出生的梦境，是老杜曾经所历所见所闻的拼凑。老杜的儿媳妇怀孕了，还有 4 个多月就要临盆的场景，儿媳妇定期去医院做产前检查的场景，老杜从媒体上了解到有提前出生的早产儿的场景，老杜从科普文章上知道的新生儿降临前羊水先流出的场景等，在梦境中拼凑在一起了。

55. 盖了间出租房的梦

同事阿富近日做了个梦，梦见几位高中同学合伙盖了间房，20 多年后，这房子成了紧俏的出租房。阿富觉得这个梦境蹊跷，要我帮忙解解。

梦境

当年几位高中同学，有钱的出钱，有力的出力，在城市比较偏僻的地方，盖了间百十平方米的房子。20 多年后的今天，房子周围一派繁华，这间房子成了热租房，租给十几位房客居住，每月租金还不低。

梦的解析

阿富曾经所历所见所闻如下。

（1）阿富和当年几位要好的高中同学，二三十年来联系紧密，走动频繁，大家有时在一起出钱出力做点小生意。

（2）阿富从电视网络等媒体上了解到，一些生意合伙人共同从事房地产开发。

（3）阿富生活的城市日新月异，阿富真切感受到，20 多年前比较偏僻的地方，如今渐渐繁华，房价上升，商铺林立。

（4）阿富从报纸网络等媒体上了解到，一些进城打工者、一些毕业不久的大学生，几位、十几位合租一套百十平方米的房子。

一番梳理后，盖了间出租房的梦，是阿富曾经所历所见所闻的拼凑。阿富和几位高中同学一起做点小生意的场景，阿富从媒体上了解到一些生意合伙人从事房地产开发的场景，阿富生活的城市日新月异、房价上涨的场景，阿富了解到的几位、十几位进城人员合租一套房子的场景等，在梦境中拼凑在一起了。

56. 红薯变野猪的梦

好友老杜昨晚做了个梦，梦见红薯变成了野猪。他觉得这个梦很不可思议，说给我听，让我帮忙解解。

梦境

老杜的发小给老杜送来一篮子刚从地里收获来的红薯，原本应该硬邦邦的红薯，拿捏起来居然有半熟的软软感觉。更绝的是，有一个红薯的外形，像被拍扁了的野猪。瞅着这野猪模样的红薯看，瞅着瞅着，红薯越来越像野猪了，并且有慢慢苏醒过来的趋势。老杜赶紧找来一把刀，将它头部砍断，于是这野猪不再动弹。

梦的解析

老杜曾经所历所见所闻如下。

（1）老杜小时候生活在农村，见识过国庆前后从地里收获红薯的场景。

（2）老杜的发小，至今仍生活在农村。来城里办事时，发小给老杜带一点家乡农产品，顺便和老杜叙叙旧。

（3）现在的老杜，买菜做饭是常有的事。买来的黑布林、红布林等水果，当天还是硬邦邦的，过了两天，拿捏起来，就有软软的手感。

（4）老杜看见过的红薯多数是纺锤形状，但也有一些奇形怪状的，有的像人参，有的像飞禽走兽。

（5）老杜小时候看过《猫和老鼠》的动画片，老鼠和猫被碾压、被拍扁后，恢复过来，活蹦乱跳的场景让老杜记忆犹新。

（6）老杜从电视网络等媒体上，见识过野猪的模样。

（7）老杜从电影电视网络等媒体上，看到过猎人用刀砍断野猪等野兽头部的场景。

一番梳理后，红薯变野猪的梦，是老杜曾经所历所见所闻的拼凑。老杜小时候见识过的从地里收获红薯的场景，老杜的发小来城里办事时给老杜带点家乡农产品的场景，老杜做家务时发现当天还是硬邦邦的水果过了两天就软软了的场景，老杜看见过的红薯外形像飞禽走兽的场景，老杜从媒体上见识过野猪模样的场景，老杜从电影电视等上看到过猎人刀砍野猪的场景等，在梦境中与梦者拼凑在一起了。

57. 消夜后忘了付账的梦

同事阿鹏近日做了个梦，梦见自己消夜时去吃串串，吃完后没有付账就走。现实中的他很少外出消夜，外出消费时他可是中规中矩，从来不欠费不逃费的。阿鹏觉得这个梦怪异，说给我听，要我帮忙解解。

梦境

忙到晚上，肚子饿了，便外出消夜，选了家四川风味餐馆撸串串。餐馆内有豆干、叶菜等素串串，还有猪肉、牛肉、海鲜等肉串串。阿鹏大快朵颐，大吃串串，尤其是那些海鲜串串。几十串美食下肚，不再饿了，阿鹏起身径直走出餐馆。餐馆伙计叫住了阿鹏：你的单还没买吧。阿鹏陡然间脸红了，那个样子别提有多尴尬了。"我怎么像要吃霸王餐的啊"，阿鹏边买单边自言自语道。

梦的解析

阿鹏曾经所历所见所闻如下。

（1）阿鹏自己很少外出消夜，但他知道同事和同学中，有些人有外出消夜的习惯。

（2）上下班途中，阿鹏经过的路段有好几家撸串串的餐馆，餐馆将素的、荤的串串，摆放在门口招揽顾客。

（3）阿鹏从电影电视报纸网络等媒体上了解到，也从同事口中听说过，有人曾到餐馆吃霸王餐——吃了不给钱，抹嘴巴走人。

（4）现实中，阿鹏看见过有人消费了却忘了给钱，被人叫住后脸红、尴尬的场景。

一番梳理后，消夜后忘了付账的梦，是阿鹏曾经所历所见所闻的拼凑。阿鹏了解到的有人喜欢消夜时撸串串的场景，阿鹏从媒体上看到的有人吃霸王餐的场景，阿鹏生活中见过的有人消费后忘了付钱脸红、尴尬的场景等，在梦境中与梦者拼凑在一起了。

58. 厕所里唱歌的梦

同事小李昨日做了个梦，梦见自己外出旅游，在厕所里冲洗脏了的鞋子和裤脚，唱起了《天边》。小李觉得这个梦稀奇古怪、乱七八糟，说给我听，要我帮忙解解。

梦境

背着双肩包，带着个记事本和两件换洗衣服，踏上了到周边旅游之路。经过一段泥泞路后，鞋子和裤脚很脏了，就想找地方冲洗。看见一幢两层小房，下面是热闹的餐馆，上面是公共厕所。"公共厕所肯定有拖把池"，于是向楼上走。上楼的通道是滑梯的样子，打扫二楼清洁的阿姨打开了水龙头，流水顺着滑梯通道往下流。

好不容易经过滑梯，上到了二楼，洗净了鞋子和裤脚。在等待裤脚晾干的过程中，情不自禁唱起了《天边》。

梦的解析

小李曾经所历所见所闻如下。

（1）小李没有一个人外出旅游的经历，但他身边的同事中有旅游达人，每逢节假日，背起双肩包，简单收拾两件衣服，就相约踏上了旅游之路。

（2）近年来，小李总是背着双肩包上下班。

（3）少年儿童时期的小李生活在农村，行走在泥泞路上是常有的事。

（4）青年时期的小李，开始在城里学习、工作，看见过所在城市的双层公共厕所，上面是男厕下面是女厕。也看到过左边是公共厕所右边是公共图书室，厕所与其他公共服务设施连成一体。

（5）在水上乐园或公园，小李看到过大小滑梯。

（6）小李爱好唱歌，得空时就唱。近段时间，最喜欢唱的歌是《天边》。

一番梳理后，厕所里唱歌的梦，是小李曾经所历所见所闻的拼凑。小李身边同事背着双肩包外出旅游的场景，小李小时候行走在泥泞路上弄脏鞋子和裤脚的场景，小李看到过城市里厕所与其他公共服务设施连成一体的场景，小李自己得空就唱歌，近期最爱唱《天边》的场景等，在梦境中与梦者拼凑在一起了。

59. 穿着寿衣的梦

同事老齐说他 80 岁的老母亲近日做了个梦，梦见她穿着寿衣，躺在棺材里。老齐的老母亲觉得这个梦是不是预示着她快不行了，老齐也担心这个梦是不是有不好的兆头。

梦境

堂屋内一口黑漆棺材，整整齐齐穿着寿衣的自己躺在里面，棺材没有上盖。听见外面有人在说话，说着"又走了一位老人""老人享福去了"之类的话。

梦的解析

老齐的老母亲曾经所历所见所闻如下。

（1）20 世纪 50—70 年代，乡村还没有推行火葬，村子里老人去世后，会被安置在黑漆棺材里停放 3 天。黑漆棺材置于村民家里堂屋中，便于亲友们前来吊唁。

（2）乡村里有"亡人为大"的风俗，即使家里很穷，老人去世后也会整整齐齐穿一身寿衣。

（3）老人去世后，村民们有"老人享福去了"的说法。

（4）老齐的老母亲已经 80 岁了，身体状况也比不上前几年。以前是两三年去一次医院住院，近年来每年要住一次院。

一番梳理后，穿着寿衣的梦，是老齐的老母亲曾经所历所见所闻的拼凑。老齐的老母亲曾经看见的去世村民穿着寿衣、躺在棺材里的场景，老齐的老母亲听到过的"老人享福去了"的场景，老齐的老母亲近年来身体不太好的场景等，在梦境中与梦者拼凑在一起了。

60. 带患儿就诊的梦

同学老来近日做了个梦，梦见自己带着发烧的新生儿去医院看病。老来觉得这个梦很怪异，自己已经 57 岁了，孙子都已经 5 岁了，哪来的什么新生儿啊。

梦境

梦见新生儿发烧了，急急忙忙抱孩子去医院看病。又是挂号又是缴费，又是检查又是治疗，忙得像陀螺，身边没有帮手，好无助的。

梦的解析

老来曾经所历所见所闻如下。

（1）老来有个儿子，30 年前，老来有过带着儿子去医院看病的经历。一个人带着患儿去医院看病，挂号、缴费、检查、治疗，忙得团团转。

（2）老来有了孙子后，曾帮着儿媳妇送孙子去医院看儿科。在医院里，老来看到有的家长只身一人带着患儿就诊，楼上楼下忙碌的场景。

一番梳理后，带着患儿就诊的梦，是老来曾经所历所见所闻的拼凑。30 年前老来带着儿子看病的场景，前些年老来帮着儿媳妇带孙子去医院看病的场景，老来在医院看到的有的家长只身一人带着患儿就诊的场景等，在梦境中与梦者拼凑在一起了。

61. 左右为难的梦

好友老路昨晚做了个梦，梦见自己是一名公司员工，要做的两件事情在时间上冲突了，自己左右为难。现实中，老路身在事业单位，是名中层管理者。老路觉得这个梦与现实相差太大，有些怪异，说给我听，要我帮忙解解。

梦境

自己在一家公司打工，下午要去窗口部门办事。午餐时，公司临时通知下午有一场教育电影，所有员工都去观看。自己很着急，两件事情不知道做哪件才好。

梦的解析

老路曾经所历所见所闻如下。

（1）老路的一些同学、朋友在公司打工，同学朋友聚会时，老路听说过公司管理情况。

（2）不论是学生时代，还是参加工作后，老路遇到过分身乏术的情况：同一时间段要做的事情有两件三件，都似乎是非做不可的。

（3）工作中，"计划赶不上变化"的事情时有发生。

（4）老路听说过，一些公司和单位，偶尔组织员工、职工观看教育电影。

一番梳理后，左右为难的梦，是老路曾经所历所见所闻的拼凑。老路听同学朋友说起过公司工作的场景，老路自己经历过的分身乏术的场景，老路知道的一些公司和单位偶尔组织员工、职工看教育电影的场景等，在梦境中与梦者拼凑在一起了。

62. 吃饭不付钱的梦

同学老赵近日做了个梦，梦见自己开了家小餐馆，一天内遇到了3拨吃饭不付钱的主儿。老赵觉得这个梦很怪异，自己是搞焊接技术的，压根儿就不曾开过小餐馆啊。

梦境

自己在家乡小镇的十字路口开了家小餐馆，生意谈不上很好，也不算很差，勉强维持一家人的生活。这一天，来了3拨吃饭不付钱的，没办法，只好自认倒霉。

梦的解析

老赵曾经所历所见所闻如下。

（1）老赵的家乡，是湘鄂交界的一个小镇。初中读书时，看到过小镇十字路口有那么一两家小餐馆，生意不温不火的。

（2）大学焊接技术专业毕业后，那时的小赵在一家不温不火的锅炉厂工作了两年。然后辞职去了南方城市，开办了一家小公司，司职电焊机零配件业务，公司生意谈不上很好，但比原来在锅炉厂拿份工资要强一点。

（3）大学毕业后的30余年间，老赵看到过有人到小餐馆吃白食，餐馆老板敢怒不敢言的场景。

一番梳理后，食客吃饭不付钱的梦，是老赵曾经所历所见所闻的拼凑。老赵读初中时看到的家乡小镇的场景，老赵刚工作时那家锅炉厂不温不火的场景，离开锅炉厂后老赵自己创业不温不火的场景，老赵看到过有人到小餐馆吃白食的场景等，在梦境中与梦者拼凑在一起了。

63. 被人肉搜索的梦

好友老齐昨晚做了个梦，梦见自己顺手摘了果农一个水蜜桃，被抓住了，果农对他进行人肉搜索，把老齐吓得够呛。老齐觉得这个梦很怪异，一来老齐没有顺手牵羊、占小便宜的习惯，二来老齐平民百姓一个，网上压根就没有老齐的信息。老齐将这个梦说给我听，要我帮忙解解。

梦境

去乡下，坐在拖拉机上。路边是一片桃树林，结满了硕大的水蜜桃。看见触手可及的水蜜桃，顺手摘了一个。果农赶过来，不依不饶，要求巨额赔偿。得知我的姓名后，果农拿出手机，对我人肉搜索一番，说准备将我偷了一个水蜜桃的事情在网上直播，把我吓得够呛。

梦的解析

老齐曾经所历所见所闻如下。

（1）老齐小时候生活在农村，坐过那种颠簸得很厉害的拖拉机。坐在车斗里，路旁的树叶等触手可及。

（2）在电视网络等媒体上，老齐知道在乡村有不少果农，种植水蜜桃、苹果、梨子、橘子之类的水果。每逢节假日，果园引来不少城里人前来采摘。

（3）通过电视网络等媒体，老齐知道不少人利用手机玩起了直播。老齐还知道，手机很方便的，只要输入某个人的姓名，就可以对某人开展人肉搜索。曾经有的地方，就发生过人肉搜索，导致被搜索者精神崩溃的事例。

（4）现实中老齐看见过，有爱占小便宜者，顺手偷拿了小物件后，被人发现，挨了一顿暴揍的场景。

一番梳理后，被人肉搜索的梦，是老齐曾经所历所见所闻的拼凑。老齐小时候坐过拖拉机的场景，老齐从媒体上看到城里人去乡村采摘水蜜桃的场景，老齐从媒体上看到有人被人肉搜索了的场景，生活中老齐看到有人顺手牵羊，被发现后挨了一顿暴揍的场景等，在梦境中与梦者拼凑在一起了。

64. 灵光一现的梦

同学老杜近日做了个梦，梦见自己参加一项涉及多学科的综合知识考试，考试结束前 15 分钟，灵光一现，一些记不起来的名字都记起来了。老杜觉得这个梦有些蹊跷，因为他从未参加综合知识考试。老杜将这个梦说给我听，要我帮忙解解。

梦境

参加考试，试卷题目包罗万象，有语文方面的，有文艺方面的，有英语知识的，还有数理化方面的。离考试结束，所剩时间只有 15 分钟了，此时还有不少题目没有做。着急啊，得赶紧想，得赶紧抢分。有几个名人的名字，沈葆桢、梅兰芳、梅玖葆，脑袋像通电了般，一下子就回忆起来了，"唰唰唰"地抓紧填写答案。想着又可以为考试成绩增加分数了，心情愉悦起来。

梦 的 解 析

老杜曾经所历所见所闻如下。

（1）老杜的一位高中同班同学，考进的是一所综合类大学。老杜的这位同学，每年参加所在大学的大学生综合知识竞赛，涉及文史哲、数理化等20多个专业。老杜和这位同学交流甚多，知道有综合知识竞赛这事。

（2）老杜所学专业为工科，但老杜对近代名人沈葆桢、京剧大师梅兰芳父子，还是有所耳闻的。

（3）学生时代，老杜参加的大小考试无数。工作后，各类职称考试、岗位知识考试也不少。这些考试中，老杜就遇到过临近交卷时灵光一现，忘记了的知识点居然重拾起来的情况。

一番梳理后，考试快结束时灵光一现的梦，是老杜曾经所历所见所闻的拼凑。老杜的高中同班同学参加大学生综合知识竞赛的场景，老杜对近代名人有所耳闻的场景，老杜职前职后大小考试中临近交卷时灵光一现的场景等，在梦境中与梦者拼凑在一起了。

65. 送长条沙发去郊区的梦

同学阿明昨晚做了个梦，梦见自己推着自行车，将闲置的长条沙发送往伯父家。阿明觉得这个梦有些怪异，阿明家房屋狭小，只有凳子，容不下沙发，阿明的伯父就住在阿明家附近，不是住在什么郊区，伯父家的房屋和阿明家的一样狭小。阿明将这个梦说给我听，要我帮忙解解。

梦 境

自家长条状沙发，被临时放置在小区的自行车车棚里。找来老式二八自行车，将沙发搁在自行车坐垫及货架上，用绳子捆好了，慢慢推着，送给居住在郊区的伯父家。伯父家明三暗六大瓦房，长条沙发用得着。

梦的解析

阿明曾经所历所见所闻如下。

（1）阿明到过一些同学、同事家，有的家里房屋面积较大，客厅里摆放着长条沙发、单人沙发。

（2）阿明所在的老旧居民小区，有一个停放自行车的棚子。有住户将一些"留着没用，丢了可惜"的旧家当，放置在棚子里。

（3）阿明有一辆二八式自行车，陪伴阿明近40年了，阿明经常用这部老旧自行车运送一些物件。

（4）阿明看见过左右邻居，将一些用不上的旧家具、旧玩具之类，送给郊区的亲戚。

（5）阿明去过郊区，看见一些农户住在明三暗六大瓦房内。

一番梳理后，送长条沙发去郊区的梦，是阿明曾经所历所见所闻的拼凑。阿明在同学、同事家看见了长条沙发的场景，阿明在自己居住的老旧社区看到的自行车棚中堆放着一些旧家当的场景，阿明自己多次用老旧自行车运送物件的场景，阿明看到的左右邻居将一些旧家具送给郊区亲戚的场景等，在梦境中与梦者拼凑在一起了。

66. 受到亲戚责难的梦

同事阿冼近日做了个梦，梦见外婆的母亲去世了，自己忙着通知亲戚们，就忘记了将老人的遗体及时送往殡仪馆，受到一些亲戚的责难。阿冼觉得这个梦很怪异，一来外婆的母亲20年前就去世了，二来当时是两位舅爷爷主事，负责安排老人的后事，三来老人去世时是寒冷的冬天，压根不存在担心遗体受损的问题。阿冼将这个梦说给我听，要我帮忙解解。

梦境

外婆的母亲，90岁高龄去世了。考虑到亲戚们要看老人家最后一眼，我决定暂时将老人遗体放置在家里。一个个打电话，告知老人去世的消息，还有其他琐碎事情。一忙乎，忘记了联系殡仪馆，老人的遗体在家放置了半天时间。有亲戚责难我：天气炎热，为什么不第一时间将遗体送殡仪馆停放？

梦的解析

阿冼曾经所历所见所闻如下。

（1）阿冼居住的小区，一年中有一两位老人在家去世。老人去世后，主事的儿女们联系殡仪馆存放老人遗体，一个个打电话通知亲戚。然后到社区卫生服务中心办理死亡证，到派出所销户口，到陵园看墓地，忙前忙后的。

（2）阿冼小时候生活在乡村，寒冬腊月里有老人去世的话，遗体就暂时停放在家里堂屋（老人在家去世的话），或在大门外临时搭起的棚子下（老人在医院去世的话）。一般停放三天，就下葬了，遗体不会有损伤。

（3）阿冼从媒体上知道，在天气炎热时，有人去世后，如果来不及送殡仪馆或就地冰块处理，就出现遗体受损的情况。

（4）工作中，阿冼有过将某些事情忘记了，引来同事不悦的经历。

一番梳理后，办理白事受到亲戚责难的梦，是阿冼曾经所历所见所闻的拼凑。阿冼居住的小区里老人去世后儿女们张罗白事的场景，阿冼在乡村里经历过的白事场景，阿冼从媒体上知道的有遗体存放不及时的场景，阿冼工作中一忙乎就忘记了某些事情的场景等，在梦境中与梦者拼凑在一起了。

67. 担心被感染乙肝的梦

同学老赵近日做了个梦，梦见一起桌餐的人中，有两位是乙肝病毒携带者，为此心存紧张，担心自己一旦被感染了就不能继续无偿献血了。老赵觉得这个梦有些怪异，一来这五六年他没有桌餐的经历，二来因为体重不达标，他从未无偿献血过。老赵将这个梦说给我听，要我帮忙解解。

梦境

与几位朋友一起桌餐，桌餐后有人说：刚才一起桌餐的人中，有两位乙肝病毒携带者。我心存紧张：要是不幸感染了，就不能继续无偿献血了，对自己、对家人的健康都不是什么好事。赶紧拿出手机上网搜索相关知识，看看自己被感染的可能性有多大。

梦的解析

老赵曾经所历所见所闻如下。

（1）老赵的一些同学、同事，偶尔在一起桌餐聚会。这些同学、同事中，有少数人是乙肝病毒携带者。

（2）从网络等媒体上，从科普宣传中，老赵知道：乙肝能够经血液传播，桌餐时，若没有使用公筷，乙肝病毒携带者又正好有牙龈出血等情况时，其他就餐者也恰好存在嘴唇或牙龈出血等情况，就有可能被传染。

（3）因为体重过轻，老赵没有参加过无偿献血，但老赵知道自己的同学、同事中，有一些人多年坚持无偿献血，有的献血次数达十几次、数十次。老赵也知道，无偿献血者的前提之一，不能是乙肝病毒携带者。

（4）老赵从媒体上了解到，乙肝可能发展成肝硬化、肝癌，给当事人和家庭带来负担。

一番梳理后，担心被感染乙肝的梦，是老赵曾经所历所见所闻的拼凑。老赵的一些同学、同事偶尔聚餐的场景，老赵从媒体上了解到的乙肝病毒经血液传播的场景，老赵知道的乙肝病毒携带者不能参加无偿献血的场景，老赵从媒体上了解到乙肝患者可能发展成肝癌患者的场景等，在梦境中与梦者拼凑在一起了。

68. 被下放的梦

同学老吕近日做了个梦，梦见自己成了一家三级医院的院长，而后又被下放到另一家三级医院的污水处理站去工作。老吕觉得这个梦很怪异，一来自己只是一家 20 多名员工的私人公司小老板，根本不是什么三级医院院长，二来自己的私人公司发展平稳，没有什么大起大落，不存在被别人挤对走的情况。老吕将这个梦说给我听，要我帮忙解解。

梦境

自己是一家三级医院的院长，任期尚未结束，被通知到另一家同等规模的三级医院总务科报到。总务科长将我安排到医院污水处理站，说这里就是我的岗位。

梦的解析

老吕曾经所历所见所闻如下。

（1）老吕的高中同学中，有两位同学大学期间学习临床医学，后来成了三级医院院长。

（2）老吕晚上有看央视电视剧频道的习惯，一年前央视播出了电视连续剧《洪学智》。剧中，身为上将、总后勤部部长的洪学智，20世纪60年代受到不公平待遇，被下放到东三省某农场干活，还做过豆腐。

（3）从网络等媒体上和医院工作的同事口中，老吕知道从事医院污水处理的，属于工勤岗位。若是医务人员被安排到工勤岗位，属于下放性质。

一番梳理后，被下放到医院污水处理站工作的梦，是老吕曾经所历所见所闻的拼凑。老吕的高中同学成了三级医院院长的场景，老吕看到的电视剧中，洪学智特殊年代被下放到农场劳动的场景，老吕知道的医务人员被安排到工勤岗位属于下放的场景等，在梦境中与梦者拼凑在一起了。

69. 鸭子模仿自己的梦

同事老武近日做了个梦，梦见一只聪明的鸭子跟着自己做动作。老武觉得这个梦有些怪异，自己家里从来没养过鸭子的。

梦境

自己做着时而往左、时而往右的晃动，一只聪明乖巧的鸭子过来，当我向左晃动时，鸭子向左侧倒下，当我向右晃动时，鸭子向右侧倒下。

老武曾经所历所见所闻如下。

（1）老武学会了上网，腾讯 QQ 中有个标志性动作，就是 QQ 仔时而往左时而往右晃动。

（2）老武知道中国有个草根歌手——来自山东的"大衣哥"朱之文。朱之文成名后，他的一些生活片段也上了电视、上了网络，老武在内的很多网民都知道朱之文养了只聪明乖巧的鸭子，每当朱之文回村时，这只鸭子总跟着朱之文。

一番梳理后，鸭子模仿自己的梦，是老武曾经所历所见所闻的拼凑。老武从电脑、手机上看到的 QQ 仔左右晃动的场景，老武从媒体上了解到的朱之文家那只聪明乖巧鸭子的场景等，在梦境中与梦者拼凑在一起了。

70. 与离世的内弟一起喝酒的梦

前不久的中元节（阴历七月十五日），同事老刘做了个梦，梦见和内弟（妻子的弟弟）在庭院里一起喝酒。老刘觉得这个梦怪异：因患黑色素瘤，内弟前年已经离世，怎么可能和自己一起喝酒呢。

梦境

老式庭院里，碰见了内弟。内弟说：有日子不见了，今天咱们得喝几杯。说罢，妻子端上了冷盘热盘好几个菜，我和内弟坐在饭桌前开始了你敬我、我敬你式的喝酒。

梦 的 解析

老刘曾经所历所见所闻如下。

（1）老刘小时候生活在带有庭院的平房里，在那里玩耍，在那里长大，老刘对儿时庭院记忆犹新。

（2）内弟去世前，经常来姐姐姐夫家，和老刘喝上几杯。喝酒时，内弟敬老刘一杯，老刘敬内弟一杯，不知不觉一瓶酒就被两人喝光了。

（3）老刘与内弟感情很好，这两年的中元节，老刘带着妻子，烧点纸钱祭奠内弟。

一番梳理后，与离世的内弟一起喝酒的梦，是老刘曾经所历所见所闻的拼凑。老刘脑海中儿时居住过的庭院的场景，老刘经历过的与活着的内弟经常一起喝酒的场景等，在梦境中与梦者拼凑在一起了。

主要参考文献

1. 美国精神医学学会. 精神障碍诊断与统计手册(第五版)[M]. 北京:北京大学医学出版社,2018.

2. 施剑飞,骆宏. 心理危机干预实用指导手册[M]. 宁波:宁波出版社,2016.

3. 车文博. 心理咨询大百科全书[M]. 杭州:浙江科学技术出版社,2001.

4. 国家卫生健康委员会医政医管局. CN – DRG 分组方案(2018)[M]. 北京:北京大学医学出版社,2019.

5. 陆林. 沈渔邨精神病学(第6版)[M]. 北京:人民卫生出版社,2018.

6. 国家卫生健康委员会医政医管局. 精神障碍诊疗规范(2020)[M]. 北京:人民卫生出版社,2020.

7. 张明园,何燕玲. 精神科评定量表手册[M]. 长沙:湖南科学技术出版社,2015.

8. 于欣. 精神科住院医师培训手册[M]. 北京:北京大学医学出版社,2011.

9. 喻东山,葛茂宏,苏海陵. 精神科合理用药手册(第三版)[M]. 南京:江苏凤凰科学技术出版社,2016.

10. 王祖承. 难治性精神疾病[M]. 上海:上海科学技术出版社,2007.

11. 陆林,王高华. 新型冠状病毒肺炎全民心理健康实例手册[M]. 北京:北京大学医学出版社,2020.

12. 赵俊,刘连忠. 居民心理健康素养提升指南(社区版)[M]. 武汉:武汉出版社,2023.

13. 刘连忠,李毅. 突发公共卫生事件精神卫生机构防控实践[M]. 北京:人民卫生出版社,2022.

14. 陆华新,俞廷. 阳光心态看世界[M]. 武汉:武汉大学出版社,2013.

15. 陆华新. 平凡的人,开朗的心[M]. 武汉:武汉出版社,2020.

后 记

　　笔者脑海中最早的梦，是五六岁时被妖魔鬼怪追逐的噩梦。10岁左右开始，笔者开始留意自己有过的梦，关注同学和周围小伙伴的梦。

　　人为什么要做梦？多数梦境为什么显得怪异蹊跷？一个不争的事实是：一些人对自己那怪异蹊跷的梦境不得其解，于是，求助于路边的算命先生或某类人员。虽如此，梦境困惑而导致精神心理问题的人，非但没有减少，相反地，呈现较快增长趋势。

　　借鉴中国古代解梦成果，摒弃西方解梦学说中的唯心主义和泛性主义糟粕，运用唯物主义方法解析梦境，40多年来笔者不敢懈怠。

　　偶然的机会，笔者从语句拼凑游戏中顿悟：梦境不就是梦者曾经所历所见所闻中人物、地点、动作等要素的拼凑吗？语句拼凑游戏多数时候是乱拼，梦者曾经所历所见所闻在梦境中多数时候也是乱拼。

　　为什么梦境多怪异蹊跷？而在白天清醒状态下，偶尔回忆曾经所历所见所闻时，却是那么井然有序、合乎实情？笔者从部队夜间安营扎寨时，少数哨兵轮流值守中受到启发：正常睡眠时大脑神经细胞大多数是静息的，只有少数轮流值守，神经系统功能弱小；白天工作时，绝大多数大脑神经细胞处于高效率的运转状态，神经系统功能强大。

对梦境科学合理的解析，渐渐被大众接受后，可以大大减少梦境困惑导致精神心理问题的发生，提升大众心理健康水平，这是一件很有意义的工作。

本手稿形成中，得到了精神医学专家戴汉斌主任医师、睡眠问题专家张昌勇教授等的指导，出版社的编辑老师提出了很好的修改意见，谨此衷心感谢。

笔者才疏学浅，手稿中肯定会存在疏漏和错误，恳请专家、学者、读者们批评指正。

陆华新

2023 年 8 月 3 日